Ansgar Waldbaur

Entwicklung eines maskenlosen Fotolithographiesystems zum Einsatz im Rapid Prototyping in der Mikrofluidik und zur gezielten Oberflächenfunktionalisierung

Schriften des Instituts für Mikrostrukturtechnik
am Karlsruher Institut für Technologie (KIT)
Band 19

Hrsg. Institut für Mikrostrukturtechnik

Eine Übersicht über alle bisher in dieser Schriftenreihe
erschienenen Bände finden Sie am Ende des Buchs.

Entwicklung eines maskenlosen Fotolithographiesystems zum Einsatz im Rapid Prototyping in der Mikrofluidik und zur gezielten Oberflächenfunktionalisierung

von
Ansgar Waldbaur

Dissertation, Karlsruher Institut für Technologie (KIT)
Fakultät für Maschinenbau

Tag der mündlichen Prüfung: 26. September 2013
Hauptreferent: Prof. Dr. Volker Saile
Korreferent: Prof. Dr. Holger Reinecke

Impressum

Scientific
Publishing

Karlsruher Institut für Technologie (KIT)
KIT Scientific Publishing
Straße am Forum 2
D-76131 Karlsruhe

KIT Scientific Publishing is a registered trademark of Karlsruhe
Institute of Technology. Reprint using the book cover is not allowed.

www.ksp.kit.edu

Print on Demand 2013

ISSN 1869-5183
ISBN 978-3-7315-0119-0

Wo sind diese Tage, an denen wir glaubten, wir hätten nichts zu verlier'n?

Wir machen alte Kisten auf, hol'n uns're Geschichten raus – ein großer staubiger Haufen Altpapier.

Wir hör'n Musik von früher, schau'n uns verblasste Fotos an, erinnern uns, was mal gewesen war.

Und immer wieder sind es dieselben Lieder, die sich anfühl'n, als würde die Zeit stillsteh'n.

Denn es geht nie vorüber, dieses alte Fieber, das immer dann hochkommt, wenn wir zusammen sind!

DTH

Aber auch:

Die Fragen sind es, aus denen das, was bleibt, entsteht.

EK

Danksagung

Diese Arbeit entstand im Rahmen meiner Tätigkeit am Institut für Mikrostrukturtechnik am Karlsruher Institut für Technologie.

Ich danke Herrn Professor Dr. Volker Saile und Herrn Professor Dr. Andreas Guber für die Möglichkeit, diese Arbeit bei ihnen anzufertigen.

Herrn Prof. Dr. Holger Reinecke danke ich für die Übernahme des Korreferats.

Mein ganz besonderer Dank gilt Dr. Bastian E. Rapp – ich kann mir keinen besseren Betreuer für eine wissenschaftliche Arbeit vorstellen!

Für Spaß und Motivation bei der Arbeit möchte ich mich bei der gesamten Arbeitsgruppe bedanken, Ihr seid klasse!

Meine Familie und meine Freunde machen mich zu einem glücklichen Menschen. Und wenn an dieser Stelle Dank ausgesprochen wird, dann auch ganz sicher an jeden Einzelnen von Euch! Ihr wisst, was Ihr mir wert seid, und ich freue mich darauf, noch sehr viel Zeit mit Euch gemeinsam zu verbringen.

Kurzfassung

Im Rahmen dieser Arbeit wurde eine maskenlose Lithographieanlage entwickelt und aufgebaut. Mit dieser wurden Mikrofluidikchips und Ligandenmuster hergestellt.

Anstelle von statischen Fotomasken basiert das System auf einem Mikrospiegelarray (engl. Digital Micromirror Device, DMD) zur dynamischen Maskengenerierung. Dieser DMD besteht aus etwa 700.000 quadratischen Mikrospiegeln, die jeweils eine Kantenlänge von 14 µm haben und sich individuell in einen An- beziehungsweise Auszustand kippen lassen. Der DMD wird mit homogenisiertem, kollimiertem Licht aus einer breitbandigen Quecksilberdampflampe (Wellenlängenbereich 320 – 700 nm) bestrahlt. Dieses Licht wird von den Spiegeln, die sich im Anzustand befinden, durch eine Projektionsoptik in die sogenannte Arbeitsebene fokussiert. Über die An- und Auszustände der einzelnen Mikrospiegel wird somit ein Bild erzeugt. Aufgrund der Möglichkeit zur schnellen Änderung dieses Bildes spricht man hierbei von einer „dynamischen" Maske.

Mit Hilfe der Projektionsoptik wird das generierte Bild verkleinert, so dass Pixel im einstelligen Mikrometerbereich erreicht werden. Der Teil der Anlage, welcher das Bild projiziert, ist so ausgestaltet, dass er unter der Arbeitsebene über Aktoren bewegt werden kann. Es können also mehrere Einzelbilder nebeneinander projiziert werden. Durch dieses sogenannte „Stitching" können Bilder bis zu einer lateralen Abmessung von 200×150 mm² belichtet werden.

Die entwickelte Lithographieanlage wurde verwendet, um Mikrofluidikchips herzustellen. Es wurde eine Abformlehre aus dem Dickschicht-Fotolack SU-8 auf einem Kunststoffsubstrat erzeugt und davon ein 3×4 cm² großer Silikonchip abgeformt. In einem Versuch wurde die Funktion des Chips, der Kanalbreiten von 100 µm aufweist, gezeigt. Weiterhin wurde ein Mikrofluidikchip direktlithographisch, also ohne Abformschritt, aus dem Stereolithographie-Epoxidharz Accura 60 hergestellt. Die Funktionsfähigkeit des Chips, der Kanalbreiten von 200 µm aufweist, wurde ebenfalls demonstriert. Die Herstellung beider Mikrofluidikchips dauerte jeweils nur wenige Stunden, die Eignung der Anlage zum schnellen Herstellen mikrofluidischer Prototypen (engl. Rapid Prototyping) wurde somit erbracht.

Mit dieser Lithographieanlage wurden außerdem biochemische Ligandenmuster auf technischen Oberflächen lithographisch hergestellt. Innerhalb weniger Sekunden konnte so auf einem Substrat mit 5 mm² lateraler Größe genau definierte Anbindungen von Liganden in 256 verschiedenen Dichtegraden mit Pixelgrößen im Bereich weniger Mikrometer erzeugt werden.

Darüber hinaus wurden mit der entwickelten Lithographieanlage Goldelektroden hergestellt.

Das im Rahmen dieser Arbeit entwickelte Lithographiesystem stellt somit ein vielseitiges Werkzeug für die Strukturierung von mikrofluidischen Strukturen im einstelligen Mikrometerbereich bei mehreren cm² lateraler Außenabmaße dar. Innerhalb weniger Stunden können funktionsfähige Mikrofluidikchips direktlithographisch oder durch Abformung hergestellt werden, ebenso Ligandenmuster in variierenden Bindungsdichten (Graustufen). Weitere Anwendungen wie zum Beispiel Herstellung von Elektroden unterstreichen die Vielseitigkeit der Lithographieanlage.

Abstract

In this work, a maskless projection lithography system was developed and set up. With this device, microfluidic chips as well as biochemical ligand patterns on technical surfaces have been produced.

Instead of using static masks, the device is based on a digital micro-mirror device (DMD). The latter is used for dynamic mask generation and comprises around 700,000 square micro-mirrors of 14 μm edge length that can be deflected to an on- or off-state. It is illuminated by means of a broad-wavelength mercury lamp (wavelength from 320 nm to 700 nm). The light created by this lamp is reflected (by the mirrors in on-state) to the so called working plane via the projection optics. Thus, by individually setting the pixels to the on- and off-states, a structured light pattern is generated and projected onto the working plane. Due to the quickly interchangeable picture, this process is referred to as "dynamic mask generation".

The projection optics also demagnifies the image, creating pixels with lateral sizes of a few microns. The system is designed such that light projecting components can be moved underneath the working plane. Thus, multiple images can be projected adjacent to each other. This process is referred to as stitching and allows for areas of up to 200×150 mm^2 to be structured.

With the developed lithography device microfluidic chips have been produced. A replication master made of the thick-layer resist SU-8 has been structured on a polymer substrate from which a silicone chip of 3×4 cm^2 lateral size was cast. The functioning of this microfluidic chip, featuring channel widths of 100 μm, was demonstrated in microfluidic experiments.

Additionally, microfluidic chips have been created by direct lithography without the need for a replication step during the manufacturing process. The stereo lithography epoxy polymer Accura 60 was structured resulting in a microfluidic chip of $2 \times 3 \text{ cm}^2$ lateral size, featuring channels of 200 μm width.

Both chips were created within a few hours using the developed maskless lithography system thus demonstrating its applicability in rapid prototyping of microfluidic structures. The device has also been used for the generation of biochemical ligand patterns on technical surfaces. Within seconds, an area of 5 mm² was patterned with biochemical ligands at a pixel resolution of a few micrometers in 256 different (ligand) densities.

The developed device has also been successfully used for the creation of gold electrodes.

The lithography system developed in this work represents a multifunctional tool for micro-scale structuring of microfluidic structures of several cm² lateral size. Within a few hours, microfluidic chips can be built in direct lithography and via casting. Also, gradient ligand patterns (in grayscale) can be created quickly and conveniently. Other applications such as, e.g., electrode fabrication, underline the versatility of the developed lithography device.

Inhaltsverzeichnis

Abbildungsverzeichnis

Tabellenverzeichnis

Abkürzungsverzeichnis

2D	zweidimensional
2,5D	dreidimensionale Struktur, deren lineare Ausprägung in z-Richtung kcine freie Strukturgebung aufweist
3D	dreidimensional
AFM	Rasterkraftmikroskop (engl. Atomic Force Microscope)
CAD	Computer Aided Design
COC	Cyclo-Olefin-Copolymer
DEMAU	Di(ethylmethacrylaturethan)
DMD	Digital Micromirror Device (Mikrospiegelarray)
EIS	Elektrochemische Impedanzspektroskopie
et al.	et alii (lat. und andere)
FDM	Fused Deposition Modeling
Laser	Light Amplification by Stimulated Emission of Radiation
LED	Lichtemittierende Diode
LOC	Lab-on-a-chip
MEMS	Mikro-elektromechanisches System
µCP	Mikrokontaktdruck (engl. Micro Contact Printing)
µTAS	miniaturisiertes Gesamtanalysesystem (engl. miniaturized total analysis system)
PAP	Protein Adsorption mittels Fotobleichen (engl. Protein Adsorption by Photobleaching)
PDMS	Polydimethylsiloxan, Silikon
PFPE	Perfluorierter Polyether
PMMA	Polymethylmethacrylat
PTFE	Polytetrafluorethylen
SLS	Selektives Lasersintern
STL	Stereolithographie
UV	Ultraviolett

1. Einleitung

Wirtschaft und Wissenschaft haben seit jeher die Aufgabe, die Bedürfnisse
der Gesellschaft in Gegenwart und Zukunft abzuschätzen und Produkte und
Technologien zu entwickeln, die diese Bedürfnisse bedienen. Hierbei werden häufig sogenannte Megatrends analysiert, welche für die zukünftige
gesellschaftliche Entwicklung in hohem Maße relevante Bedürfnisse abbil-
den. Beispiele solcher Megatrends sind der demographische Wandel, die
(global gesehene) Knappheit an Trinkwasser und Nahrungsmitteln, die
Globalisierung, der Umweltschutz sowie zunehmende Miniaturisierung,
Integrationsdichte und Komplexität technischer Systeme (Horx 2011;
Hajkowicz 2012).

Integrationsdichte und zunehmende Miniaturisierung technischer Produkte
und Systeme – als Beispiel seien hierbei Alltagsprodukte wie beispielsweise Smartphones genannt – sind klassische Aufgabenfelder der Mikrosys-
temtechnik. Die zunehmende Überalterung der Gesellschaft erhöht den
Bedarf an medizinischen Systemen wie Hörgeräten und Analytiksystemen
(beispielsweise zur Blutzuckermessung). Auch hier ist die Mikrosystem-
technik eine sogenannte Schlüsseltechnologie (Wicht 2005).

Vor allem im Bereich der medizinischen Diagnostik und Analytik ist dabei
die Mikrofluidik als Untergruppe der Mikrostrukturtechnik von besonderer
Bedeutung. Ein Mikrofluidiksystem ermöglicht das Bewegen, Mischen
oder Analysieren kleinster Flüssigkeitsmengen. Dies ist besonders von
Vorteil, wenn der zu analysierende Stoff nur in geringer Menge zur Verfügung steht oder wenn dieser Stoff gefährlich ist (zum Beispiel giftig oder
explosiv). Kleinere Mengen erhöhen die Handhabungssicherheit oder ermöglichen die Ermittlung der gleichen medizinischen Kenngröße (wie
beispielsweise des Blutzuckergehaltes) unter minimalem Eingriff in den
Körper des Patienten. Für möglichst effiziente Analysen ist hierbei oft ein

auf den jeweiligen Versuch speziell angepasster Mikrofluidikchip notwendig. Um mikrofluidische Kanäle und aktive oder passive mikrofluidische Strukturen wie beispielsweise Düsen, Mischer oder Ventile auf die jeweilige Anwendung hin zu optimieren, müssen auch heute, oft in Ergänzung zu immer präziseren numerischen Simulationen, Prototypen hergestellt werden, mit denen sich der Versuch real durchführen und optimieren lässt. Sollte beim Betrieb dieser Prototypen noch Verbesserungsbedarf augenfällig werden, so muss ein weiterer Prototyp für die Analyse hergestellt werden, bis aus diesem iterativen Prozess ein geeigneter Prototyp hervorgeht. Somit wird klar, dass mit der möglichst schnellen und flexiblen Herstellung mikrofluidischer Prototypen auch die Bereitstellung funktionierender Analysesysteme, beispielsweise für Medizin- und Nahrungsmittelforschung, stark beschleunigt würde.

Trotz der genannten Vorteile mikrofluidischer Chips zur Analyse kommen, im Gegensatz zur Wissenschaft, in der Industrie noch vorwiegend makroskopische fluidische Systeme zum Einsatz. Hierbei sind die sogenannten Mikrotiterplatten, Kunststoffträger mit bis zu mehreren Hundert kleinen individuell befüllbaren Kavitäten, seit Jahrzehnten die bevorzugte Plattform für Untersuchungen im industriellen Umfeld. Für Flüssigkeitshandling und -analyse auf Mikrotiterplatten steht deshalb weltweit eine enorme Infrastruktur zur Verfügung. Wenn es gelänge, diese Infrastruktur auch für Mikrofluidikchips nutzbar zu machen, wäre das ein weiterer Schritt dahin, deren Akzeptanz auch außerhalb wissenschaftlicher Anwendungen zu erhöhen.

Für die Herstellung von Mikrofluidikchips gibt es verschiedenste Möglichkeiten. In der Industrie sind Replikationstechniken wie polymerer Spritzguss weit verbreitet. Diese sind aber nur bei hohen Stückzahlen wirtschaftlich und für die schrittweise Optimierung einer Struktur ungeeignet. Im wissenschaftlichen Umfeld werden Mikrofluidikchips meist aus Silikon von einer zuvor hergestellten Abformlehre abgeformt. Dieses Verfahren ist aufgrund einfach beherrschbarer Technik und Materialien seit Jahren der de-facto-Standard, obwohl Silikon für viele Versuche nicht geeignet ist. Darüber hinaus muss auch die Abformlehre zunächst hergestellt werden, was zusätzlich Zeit kostet. Vor allem für den wissenschaftlichen Einsatz in der schnellen Prototypenfertigung ist daher ein System, welches sowohl den bestehenden klassischen Fertigungsprozess für Silikonchips bedienen als auch Chips in kleinen Stückzahlen ohne zusätzlichen Abformschritt herstellen kann, von immensem Vorteil.

Mikrofluidik ist heute keine alleingestellte wissenschaftliche Disziplin mehr. Vor allem im Bereich der Lebenswissenschaften werden mikrofluidische Systeme immer in Kombination mit sensorischen, analytischen oder präparativen Komponenten verbunden, um beispielsweise bestimmte Konzentrationen von Signalstoffen oder Krankheitserregern nachzuweisen, biochemische Synthesen durchzuführen oder Stoffgemische aufzutrennen. Für diese Anwendungen müssen mikrofluidische Systeme zumeist mit geeigneten biochemisch aktiven Oberflächen ausgestattet sein. Hierfür müssen spezielle Liganden an spezifischen Bereichen der Oberfläche eines mikrofluidischen Systems angekoppelt werden. Als Liganden werden in der Biochemie Stoffe bezeichnet, die mit bestimmten biochemischen Komponenten, beispielsweise Proteinen, spezifische Bindungen eingehen können. Spezifisch bedeutet hierbei, dass nur ein ganz bestimmter Bindungspartner mit dem Liganden binden kann. Durch solche spezifischen Ankopplungsreaktionen an modifizierte Oberflächen lassen sich beispielsweise Rückschlüsse auf Stoffzusammensetzungen, Konzentrationen und vergleichbare biochemisch relevante Messgrößen ziehen. Wie bei der Herstellung von Mikrofluidikchips wäre natürlich auch bei der Anbindung von Liganden auf Oberflächen Schnelligkeit und höchstmögliche Flexibilität bezüglich verschiedener Ligandenmuster vorteilhaft.

Im Rahmen dieser Arbeit sollte eine Fertigungsplattform für Mikrofluidikchips sowie für die Herstellung von Ligandenmustern entwickelt und aufgebaut werden. Der Funktionsnachweis sollte über die Herstellung eben dieser Kanalsysteme und Biosensoren erfolgen.

Die Arbeit wird in acht Kapiteln dargestellt: In Kapitel 2 werden zunächst die Grundlagen der Mikrofluidik erläutert. In Kapitel 3 werden neben den Grundlagen auch Herstellungsmethoden für mikrofluidische Strukturen erörtert, bevor in Kapitel 4 die dafür erforderlichen Materialien aufgezählt werden. In Kapitel 5 werden Grundlagen sowie Methoden und Materialien für die Erzeugung von Ligandenmustern dargestellt.

Die im Rahmen dieser Arbeit konstruierte Anlage wird in Kapitel 6 vorgestellt; damit erreichte Ergebnisse in Kapitel 7.

Kapitel 8 schließt diese Arbeit mit einer Zusammenfassung sowie einem Ausblick auf weitere mögliche Arbeiten.

2. Grundlagen der Mikrofluidik

Mikrofluidik ist die Manipulation von Fluiden in Systemen mit Kanalquerschnitten im Sub-Millimeterbereich, resultierende Fluidvolumina bewegen sich folglich im Nanoliterbereich (Melin 2007). Im Folgenden wird beschrieben, warum und inwiefern sich Fluide in mikrofluidischen Systemen anders verhalten als im makroskopischen Maßstab und wie dies genutzt werden kann.

2.1 Historische Entwicklung

Die Miniaturisierung fluidischer Bauteile hin zu mikrofluidischen hat die Entwicklung kompakter Analysegeräte ermöglicht, die aufgrund ihrer geringen Abmaße mit sehr viel weniger Probenvolumen auskommen als herkömmliche Systeme. In Kombination mit der heute möglichen Integration miniaturisierter Analysesysteme ermöglicht dies neue Anwendungen im Bereich der Life-Sciences und besonders für Hochdurchsatz-Screeningverfahren (Manz 1990; Harrison 1993).

Der Beginn der Mikrofluidik kann auf Ende der 70er Jahre datiert werden (Terry 1979). Zunächst lag der Schwerpunkt der Entwicklung auf einzelnen mikrofluidischen Komponenten (Shoji 1988; Esashi 1989; Shoji 1990; Smits 1990), später wurde nach integrierten Lösungen für mikrofluidische Aufgabenstellungen gesucht. Der Begriff µTAS (miniaturized total analysis system) wurde von Manz et al. (Manz 1990) für Systeme eingeführt, die Probenhandling, Reaktion und Detektion auf einem Chip erlauben. Bisher gibt es allerdings nur wenige Beispiele (DNA-Arrays oder Blutzucker-messgeräte) für derartige Systeme außerhalb der akademischen Welt.

Die ersten großindustriell gefertigten Mikrofluidiksysteme waren die in Tintenstrahldruckern verbauten Druckdüsen (Tabeling 2006). Bezogen auf das Marktvolumen ist dies bis heute mit Abstand die häufigste Anwendung von Mikrofluidik, so wurden 2011 weltweit über 90 Millionen Tintenstrahldrucker verkauft (IDC-Tracker 2012).

Nach der akademischen vollzog seit Mitte der 90er Jahre auch die industrielle Anwendung einen Wechsel des bevorzugten Chipmaterials: An die Stelle von Glas oder Silizium traten vermehrt thermoplastische Kunststoffe. Dies erfüllte die Anforderungen hinsichtlich Einwegtauglichkeit dank des kostengünstigeren Werkstoffs sowie der Massenfertigung durch Abformung von Replikationsmastern. Die Übertragung der negativen Kanalstruktur entsprechend strukturierter Siliziummaster auf die eigentliche Kanalstruktur in Polydimethylsiloxan (PDMS, bekannt unter dem Trivialnamen Silikon) wurde erstmals vorgestellt durch Whitesides et al. (Duffy 1998) und unter dem Begriff Soft-Lithographie etabliert. Dieses Verfahren dominiert zumindest in akademischen Anwendungen die Mikrofluidik bis heute, was vor allem an der Einfachheit der Herstellung von PDMS-Chips liegt. Das Quellverhalten von PDMS und die sehr geringe Widerstandsfähigkeit gegenüber klassischen organischen Lösungsmitteln verbieten jedoch den Einsatz von PDMS für viele Anwendungen. Ein weiterer signifikanter Nachteil ist die Tatsache, dass PDMS nicht in hohen Durchsatzraten repliziert werden kann. Dies ist bedingt dadurch, dass das Material infolge chemischer Vernetzung langsam aushärtet und dann thermisch nicht mehr umgeformt werden kann. Daher ist die Verwendbarkeit in industrieller Abformtechnik signifikant eingeschränkt. In den letzten Jahren gab es deshalb immer häufiger Ansätze, die PDMS-basierte Mikrofluidik durch andere Materialien zu ersetzen (Berthier 2012).

2.2 Strömungsmechanik in Mikrokanälen

Im Gegensatz zur Fluidströmung in makroskopischen fluidischen Systemen, ist die Strömung in mikrofluidischen fast immer laminar und selten turbulent. Auch die für makroskopische Systeme häufig angewandte „no-

6

slip condition", die besagt, dass die Relativgeschwindigkeit zwischen Fluid und der das Fluid umgebenden Wand an der Wandoberfläche null sein muss, gilt in der Mikrofluidik nur eingeschränkt (Lauga 2007). Über die Strömungsbeschaffenheit gibt die Reynoldszahl Auskunft. Dies ist eine dimensionslose charakteristische Größe, welche für durchströmte Querschnitte definiert ist zu:

$$Re(Dh) = \frac{\rho u_\infty D_h}{\eta} = \frac{u_\infty D_h}{\nu} \qquad (1)$$

$Re(Dh)$ = *Reynoldszahl*

ρ = *Dichte der Flüssigkeit (kg/m³)*

u_∞ = *Kernströmungsgeschwindigkeit im Kanal (m/s)*

D_h = *hydraulischer Durchmesser der Kanals (m)*

η = *dynamische Viskosität (kg/ms)*

ν = *kinematische Viskosität (m²/s)*

Der Übergang von laminarer zu turbulenter Strömung erfolgt bei Überschreiten einer kritischen Reynoldszahl, welche je nach Literatur im Bereich von 1300 bis 2000 angesetzt wird (Reynolds 1883). Der Übergang erfolgt nicht schlagartig, sondern kontinuierlich. Für die üblichen Dimensionen mikrofluidischer Bauteile (mit Kanalbreiten von wenigen 100 µm und Kanaltiefen von einigen 10 µm) ergeben sich für wässrige Lösungen stets laminare Strömungen, weil die Reynoldszahlen immer im Bereich unter 10 liegen. Vorteilhaft daran ist, dass das Verhalten laminarer Strömungen wesentlich einfacher zu berechnen und damit vorherzusagen ist. Allerdings ist die laminare Natur der Mikrofluidik immer dort hinderlich, wo Vermischung mehrerer fluidischer Proben angestrebt wird, wie beispielsweise in Reaktionsstrecken. Da Vermischung in solchen Systemen meist ausschließlich über Diffusion erfolgt, mussten hier zunächst neue

Methoden entwickelt werden, zusätzlich einen konvektiven Anteil am Mischvorgang zu erzeugen. Ein solcher Fall wird in Kapitel 7.1 vorgestellt.

2.3 Kontakt- und Oberflächen in mikrofluidischen Systemen

Bedingt durch die hohen Oberflächen-zu-Volumen-Verhältnisse in mikrofluidischen Systemen ist die Kontaktfläche zwischen Fluid und Festkörper wie z. B. an Kanalwänden u. ä. sehr groß im Vergleich zu makroskopischen Systemen. Die hierbei besonders einflussreichen Größen sind die Oberflächen- und die Grenzflächenspannung, die den sogenannten Kapillareffekt hervorrufen. Die Steighöhe eines Fluids in einer Kapillare wird folgendermaßen berechnet:

$$h = \frac{2\sigma cos\theta}{\rho g r} \qquad (2)$$

$h = Steigh\ddot{o}he\ (m)$

$\sigma = Oberfl\ddot{a}chenspannung\ (kg/s^2)$

$\theta = Kontaktwinkel\ (rad)$

$\rho = Dichte\ der\ Fl\ddot{u}ssigkeit\ (kg/m^3)$

$g = Gravitationskonstante\ (m/s^2)$

$r = Radius\ der\ R\ddot{o}hre\ (m)$

Die Oberflächenspannung des Fluids in Kombination mit den chemischen und physikalischen Eigenschaften der benetzten Oberfläche im mikrofluidischen Chip bestimmen den Kontaktwinkel zwischen Fluid und Chipmaterial und damit die Steighöhe. Gerade bei mikrofluidischen Systemen kann sich, bedingt durch den sehr kleinen Radius mikrofluidischer Kanäle, eine sehr große Steighöhe einstellen (abhängig natürlich von der Polarität des Fluids und der Oberfläche der Kanalwand). Diese Eigenschaft wird beispielsweise beim Kapillarkleben (Gerlach 1999) oder beim Befüllen einer mikrofluidischen Chipstruktur (Juncker 2002) ausgenutzt.

Die Steighöhe kann auch negative Werte annehmen, nämlich wenn keine Benetzung stattfindet. Dies ist zum Beispiel der Fall bei wässrigen Fluiden in fluorierten Materialien wie Polytetrafluorethylen (PTFE, auch bekannt unter dem Markennamen Teflon). Um mikrofluidische Kanalnetzwerke in einem solchen Material befüllen zu können, ist ein hoher Druck notwendig. Deshalb ist der Einsatz stark hydrophober Werkstoffe für mikrofluidische Anwendungen problematisch.

2.4 Indirekte Mikrofluidik

Der Begriff „Indirekte Mikrofluidik" wurde 2009 von Rapp et al. als Entkoppelung von passiver, analytgefüllter Einwegstruktur und aktiver, mittlerfluidgefüllter Mehrwegstruktur eingeführt (Rapp 2009). Weil der Analyt nur mit der passiven mikrofluidischen Struktur, nicht jedoch mit teuren Bauteilen wie Ventilen oder Pumpen in Berührung kommt, erlaubt die indirekte Mikrofluidik die Benutzung kostengünstiger Einwegchips bei gleichzeitig komplexen fluidischen Schaltungen. Möglich macht dies ein Effekt, der nur in der Mikrofluidik, nicht jedoch makroskopisch funktioniert: Zum Analyten wird ein Mittlerfluid mit unterschiedlicher Polarität ausgewählt. So kann zum Beispiel ein aliphatischer Kohlenwasserstoff für wässrige Analyte zum Einsatz kommen. Aufgrund der unterschiedlichen Polarität können sich die beiden Fluide nicht mischen. Darüber hinaus können sie, aufgrund der geringen Kanalquerschnitte, nicht aneinander entlang (parallel) durch einen mikrofluidischen Kanal fließen. Die Inkompressibilität von Fluiden erlaubt es somit, das Mittlerfluid zu verwenden, um den Analyten durch das Kanalsystem zu fördern. Vor den Stellen, an welchen sich aktive Komponenten (wie Pumpen und Ventile) befinden, wird ein sogenannter Fluidtauscher eingesetzt. In Fluidtauschern sind sowohl Analyt als auch Mittlerfluid bevorratet. Die unterschiedliche Dichte sorgt für übereinanderliegende Phasen im Inneren. Der Fluidtauscher hat zwei Anschlüsse: Einer taucht ausschließlich in die Phase des Mittlerfluids ein, der andere nur in die Phase des Analyten. Wird nun ein bestimmtes Volumen des Mittlerfluids in den druckdichten Fluidtauscher gepumpt, so fließt dasselbe Volumen an Analyt aus dem zweiten Anschluss aus. Die Medien werden somit ausgetauscht.

Mit dieser Methode ist es möglich, kostengünstige Einwegchips auch in komplexen mikrofluidischen Systemen zu verwenden, weil die teuren aktiven Komponenten (im Wesentlichen die Pumpen und Ventile) lediglich mit dem Mittlerfluid, nie aber mit dem Analyten in Kontakt treten und somit weder aufwendig gereinigt noch ausgetauscht werden müssen.

3. Grundlagen und Herstellungsmethoden für mikrofluidische Strukturen

Für die Herstellung mikrofluidischer Chips in großen Stückzahlen sind Verfahren wie Mikrospritzguss oder Thermoformen etabliert (Becker 2002; Attia 2009; Kolew 2011). Diese bieten für hohe Stückzahlen geringe Taktzeiten, geringe Kosten und hohe Abbildungstreue. Allerdings sind diese Verfahren für die Herstellung geringer Stückzahlen unwirtschaftlich, da für solche Replikationsprozesse zunächst kostenintensive Urformen hergestellt werden müssen. Deren Herstellung ist nicht nur kosten- sondern auch zeitintensiv.

Heutzutage ist die weitverbreitetste Methode zur Herstellung mikrofluidischer Strukturen für Forschungszwecke die Übertragung der Strukturen einer Abformlehre aus Silizium auf Silikon durch Abformung (Verpoorte 2003). Diese Methode entstammt der Halbleitertechnik. Silizium lässt sich einfach fotolithographisch strukturieren und ist bis heute das wichtigste Material für die Halbleiterindustrie. Wird flüssiges Silikon auf eine solche Abformlehre gegossen und darauf ausgehärtet, so bildet es deren Struktur sehr gut ab (beschrieben in Kapitel 7.1.1). Diese als Soft-Lithographie bezeichnete Methode (vergleiche Kapitel 2.1) wurde durch Whitesides et. al durch Verwendung von mittels Laserdrucker hergestellten Fotomasken zur lithographischen Strukturierung der Abformlehre stark vereinfacht (Duffy 1998). Die Zeit, die zwischen dem ersten konzeptionellen Design und der ersten testbaren physikalischen Struktur verstreicht, wird gemeinhin als „Concept-to-Chip-Zeit" bezeichnet. Sie sollte möglichst kurz gehalten werden, um hohen experimentellen Durchsatz und effizientes Optimieren zu ermöglichen. Durch die einfache Technik der Soft-Lithographie wurden sehr kurze Concept-to-Chip-Zeiten im Bereich weniger Stunden realisiert.

Im Laufe der Entwicklung einer mikrofluidischen Struktur ist es häufig erforderlich, verschiedene Varianten und Geometrieoptionen experimentell zu testen. Dazu ist meistens nur je ein Prototyp erforderlich, der im Idealfall schnell zur Verfügung stehen sollte. Um die Concept-to-Chip-Zeit so kurz wie möglich zu halten, werden in Forschung und Entwicklung verstärkt sogenannte Rapid-Prototyping-Verfahren bevorzugt (Waldbaur 2011b). Im Rahmen dieser Arbeit wird darunter die schnelle Herstellung dreidimensionaler physikalischer Strukturen, welche bevorzugt direkt aus 3D-Computermodellen generiert werden können, verstanden. Die Form eines Computermodells wird dabei von einer Maschine in einen Werkstoff übertragen. Dies geschieht Schichtweise: mehrere in z-Richtung sequentiell aufeinander aufgetragene Werkstoffschichten einer gewissen Schichtdicke d mit von der Maschine in x/y-Ebene definierten Konturen bilden das Computermodell nach. Eine genaue Beschreibung von Rapid Prototyping erfolgt in Kapitel 3.2.

Im Folgenden werden gängige Verfahren zur Herstellung von Mikrofluidikchips erläutert. Viele dieser Verfahren erlauben eine direkte Prozessierung relevanter Materialien, wodurch unmittelbar eine funktionsfähige mikrofluidische Struktur bereitgestellt werden kann. Diese Struktur kann allerdings auch als Abformstruktur für eine Replikation verwendet werden. In beiden Fällen muss die letztliche Struktur vor der eigentlichen Anwendung verschlossen (gedeckelt) werden, um ein geschlossenes mikrofluidisches Kanalnetzwerk zu erhalten. Einige Verfahren erlauben allerdings auch die direkte Herstellung geschlossener Strukturen, bei denen das separate Deckeln entfällt.

3.1 Materialabtragende Verfahren

Das bekannteste materialabtragende Verfahren ist die spanende Bearbeitung von Werkstoffen mittels Fräsen, Sägen, Räumen oder Hobeln. Diese Verfahren sind auf nahezu alle nichtelastischen Werkstoffe anwendbar:

Metalle, Keramiken (wobei hier meist der Grünling vor dem Sintern bearbeitet wird), Kunststoffe und Glas. In der Literatur finden sich viele Beispiele für die Anwendung abtragender Verfahren zur Herstellung von Mikrofluidikchips (Szekely 2004; Popov 2006), wobei Kanalbreiten bis zu wenigen 10 µm gezeigt wurden (Mecomber 2005). Durch Bearbeitung bei Temperaturen unter dem Gefrierpunkt können auch Materialien bearbeitet werden, die bei Raumtemperatur elastisch sind (Kakinuma 2008).

Erodieren eignet sich sehr gut für die Bearbeitung im Mikrometerbereich, besonders bei ansonsten schwierig zu bearbeitenden Werkstoffen wie Keramik und Diamant (Löwe 1999). Bei diesem Verfahren wird durch Anlegen einer Spannung ein Lichtbogen zwischen dem Werkzeug, welches eine Elektrode aus einem gut leitenden Material ist, und dem Werkstück, das entweder selber elektrisch leitend oder von einem, meist flüssigen, Dielektrikum eingeschlossen ist, erzeugt. Durch pulsierenden Gleichstrom werden Bestandteile des Werkstücks evaporiert. Mittels Erodieren wurden sowohl Abformlehren (Uhlmann 2005) als auch Mikrofluidikstrukturen (Masuzawa 1994) mit Geometrien im zweistelligen Mikrometerbereich hergestellt.

Bei der Laserbearbeitung wird durch die Licht- und damit Energieabsorption im Werkstoff eine Temperaturerhöhung ausgelöst, die zur lokalen Verdampfung führt. Dies funktioniert auch in transparenten Werkstoffen, wenn nur die Laserintensität hoch genug ist (Ke 2005). Laserbearbeitung erlaubt sehr feine Strukturierung mit hoher Genauigkeit, Kanalbreiten unter 100 µm mit wenigen µm Tiefe wurden beispielsweise in Acrylkunststoff hergestellt (Hong 2010). Allerdings ist beim Laserverfahren meistens eine Nachbearbeitung der Chips nötig, weil ein Teil des verdampften Materials rekondensiert und sich auf den Oberflächen des Werkstücks niederschlägt. Dies verursacht erhöhte Oberflächenrauhheiten, welche die Verbindungstechnik (zum Beispiel beim Bonden, siehe Kapitel 3.5) erschweren. Gelangt rekondensiertes Material gar in die Mikrostrukturen, kann die Funktion des Chips beeinträchtigt werden.

Allen diesen Methoden gemein ist, dass sie serieller Natur sind. Es wird Volumeninkrement für Volumeninkrement seriell abgetragen, folglich steigt die Bearbeitungszeit mit abzutragendem Volumen linear an. Komplizierte Strukturen dauern erheblich länger als einfache, deshalb sind diese Methoden für den Einsatz in der Forschung nur bedingt geeignet. Im Gegensatz dazu sind Ätzverfahren skalierbar: Der Ätzschritt dauert, bei konstanter Ätztiefe, immer gleich lang, egal wie komplex oder groß die Struktur ist. Ätztechniken werden meistens für Glas und Silizium angewendet und werden unterteilt in nasschemisches Ätzen und Trockenätzen. Beim nasschemischen Ätzen wird das Werkstück in ein flüssiges Ätzmittel eingelegt, wohingegen beim Trockenätzen ein Plasma verwendet wird. Im Regelfall wird das nicht abzutragende Material durch Auflegen einer Maske geschützt. Diese muss daher zunächst auf der Oberfläche des Substrates erzeugt werden, was die Gesamtprozesszeit signifikant erhöhen kann, vor allem wenn ein serielles Verfahren zur Herstellung der Maske verwendet wird.

Gewöhnlich müssen alle materialabtragend hergestellten Strukturen nach Herstellung gedeckelt werden. Die Ausnahme sind geometrisch einfache Strukturen, die beispielsweise in Form einer einfachen Bohrung ausgeführt werden. Eine Ausnahme hierzu bildet ein lasergestütztes Verfahren, bei dem der Laserstrahl auf ein fotoempfindliches Substrat gerichtet wird, wobei dieser die Oberfläche defokussiert trifft und erst im Inneren des Werkstoffs seinen Brennpunkt findet. Hierdurch lassen sich Hohlräume und somit auch mikrofluidische Strukturen herstellen. Mit einem solchen Verfahren konnten Kanäle mit etwa 200 µm Durchmesser in SU-8 (siehe Kapitel 4.1.1) gezeigt werden (Yu 2005).

3.2 Materialauftragende Verfahren

Wird kein Material aus dem Werkstück entfernt, um einen Chip herzustellen, sondern dieser aus dem Material Stück für Stück aufgebaut, so spricht man von materialauftragenden Verfahren. Ein solches Verfahren, das auf dem Erhitzen eines Werkstoffs über dessen Glasübergangstemperatur und anschließendem Auspressen aus einer Düse basiert, ist Fused Deposition Modeling (FDM). Die Düse rastert über eine Oberfläche und trägt selektiv Material auf.

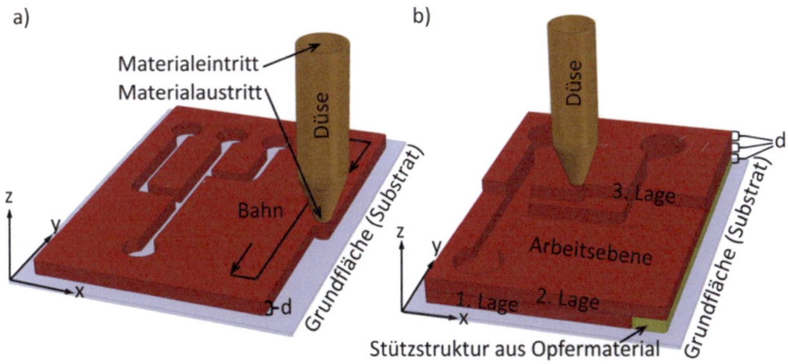

Abbildung 1   Herstellung von 2,5D und 3D-Strukturen mittels Fused Deposition Modeling (FDM). Aus einer beheizten, druckbeaufschlagten Düse wird flüssiges Material herausgepresst, das auf der Grundfläche erkaltet und sich verfestigt. Die Grundfläche wird hierbei in Bahnen abgefahren, dabei wird an den Positionen, an welchen sich der spätere Kanal befinden soll, kein Material abgeschieden. Die Schichtdicke d ist abhängig vom verwendeten Material und von den Parametern der Düse (Vordruck, Temperatur). a) Herstellung einer 2,5D-Struktur. b) Herstellung einer 3D-Struktur. Nachdem eine Lage der Schichtdicke d auf das Substrat appliziert worden ist, wird eine folgende Lage auf die darunterliegende aufgetragen. Schicht für Schicht wird auf diese Weise eine dreidimensionale Struktur erzeugt. Soll eine Lage über die darunterliegende herausragen, so muss diese mit einer Stützstruktur gestützt werden, weil das noch nicht ausgehärtete Material strukturell nicht stabil ist. Eine Stützstruktur kann beispielsweise aus einem Opfermaterial bestehen, welches sich nach Fertigstellung der Struktur leicht entfernen lässt.

Das Resultat ist eine sogenannte 2,5-dimensionale Struktur (2,5D): Sie ist nicht zweidimensional, weil dies technisch unmöglich ist, allerdings auch nicht wirklich dreidimensional, weil nur in zwei Dimensionen gezielt strukturiert werden kann. Die dritte Dimension ergibt sich lediglich durch die Auftragdicke des Materials. Entspricht diese Auftragdicke einer akzeptablen Kanaltiefe eines mikrofluidischen Chips, so lässt sich mittels FDM in einem Schritt ein Mikrofluidikchip herstellen, gezeigt in Abbildung 1a. Eine „echte" 3D-Struktur entsteht, wenn mehrere dieser Schichten übereinander appliziert werden wie in Abbildung 1b dargestellt. Solche Verfahren werden im Allgemeinen als Rapid Prototyping bezeichnet.

Um die materialauftragenden Verfahren genauer beschreiben zu können, sind zunächst einige Begriffsdefinitionen nötig: Die Fläche, auf welcher die erste Schicht aufgetragen wird, nennt sich Grundfläche und wird durch x- und y-Achse ausgespannt. Die Arbeitsebene liegt parallel dazu und ist diejenige Fläche, auf der der Materialauftrag stattfindet. Wird nur einlagig gearbeitet, also eine 2,5D-Struktur hergestellt, so sind diese beiden Ebenen identisch. Wird eine zweite Lage aufgetragen, so muss die Grundfläche um die Schichtdicke d in z-Richtung verschoben werden, damit sich die Arbeitsebene für den erneuten Materialauftrag auf der Oberfläche des zuvor aufgetragenen Materials befindet. Hierbei gibt es besondere Herausforderungen: Soll eine Schicht über die darunterliegende herausragen, also einen sogenannten Hinterschnitt erzeugen, so muss diese Schicht bis zu ihrem Aushärten mit einer Struktur gestützt werden. Diese Stützstruktur kann beispielsweise aus dünnen Filamenten oder Säulenstrukturen desselben Werkstoffs bestehen. In diesem Fall müssen die Stützstrukturen nach Abschluss aller Schichtaufbauten mechanisch entfernt werden. Dies ist zeitaufwendig und kaum automatisierbar. Zudem ist dies gerade bei filigranen Strukturen äußerst schwierig. Alternativ können Stützstrukturen auch aus einem Opfermaterial hergestellt werden. Dazu muss die Anlage in der Lage sein, mindestens einen zweiten Werkstoff zu applizieren. Opfermaterialien können zum Beispiel Wachse sein, die nach Abschluss der Bauphase beispielsweise durch Erwärmen abgeschmolzen werden (Kelly 2005).

Die minimale Strukturauflösung der späteren Struktur ist maßgeblich durch die Feinheit der Düsen und die minimal mögliche Schichtdicke festgelegt. Daraus ergibt sich der Wunsch nach dünnflüssigeren Materialien, als es beim FDM möglich ist. Wie bereits erwähnt, sind die Mikrodüsen in modernen Tintenstrahldruckern ein gutes Beispiel für Applizierung kleinster Mengen Flüssigkeit. Folglich ist auch deren Einsatz für Rapid Prototyping möglich. Bei diesem - als Inkjet Printing bekannten - Verfahren werden kleinste Mengen flüssiger Acrylate (bzw. deren Monomere) appliziert. Als Stützstruktur kommen häufig Wachse zum Einsatz. Wie beim Farbdrucker können parallel Acrylat und Stützstruktur aufgetragen werden, Auflösungen von bis zu 1200 dpi wurden dabei gezeigt, was einer Pixelgröße von ca. 21 µm Kantenlänge entspricht. Dabei wird jeweils eine Lage appliziert, danach erfolgt üblicherweise eine Flutbelichtung mit UV-Licht zur Aushärtung der applizierten Schicht. Nachdem alle Lagen aufgetragen worden sind, wird die stützende Wachsstruktur abgeschmolzen. Problematisch für die Herstellung mikrofluidischer Strukturen ist hierbei, dass die Kapillarkraft in dünnen Kanälen das Entfernen der Stützstruktur nahezu unmöglich macht. Selbst unter Anlegung von Unterdruck bleiben die dünnen Kanäle verschlossen. Bisher sind mittels dieser Technik keine Kanäle unter 1 mm Durchmesser mit adäquater Länge aus der Literatur bekannt.

Anstelle der Applikation des Werkstoffs selber kann mit Druckköpfen wie beim Inkjet Printing auch ein Klebstoff auf eine Lage eines geeigneten, in Pulverform vorliegenden Werkstoffes aufgetragen werden. Dieses Verfahren nennt sich Pulverdruck. Das Pulver wird üblicherweise mittels einer Rakel jeweils schichtweise in der Arbeitsebene verteilt. Vorteilhaft ist, dass das Pulver eine gewisse Stützkraft hat, diese stützende Struktur aber nach Abschluss des Bauvorgangs lediglich abgeschüttelt werden muss und zum Bau neuer Strukturen wiederverwendet werden kann. Derart hergestellte

Strukturen haben allerdings den, allen Kompositwerkstoffen inhärenten, Nachteil, dass Transparenz von optischer Qualität nicht erreicht wird.

Anstelle der Verwendung von Klebstoff kann auch thermisch mittels eines gerichteten Laserstrahls das Pulver lokal aufgeschmolzen werden. Beim Wiedererstarren verbinden sich die einzelnen Pulverteilchen zu einem Ganzen. Dieses Verfahren wird „selektives Lasersintern" (SLS) genannt. Vorteil gegenüber dem Pulverdruck ist, dass kein Zusatzstoff zum Kleben benötigt wird. Mit diesem Verfahren lassen sich auch Metalle bearbeiten. Nachteilig kann sich auswirken, dass auf diese Weise hergestellte Bauteile Mikroporositäten aufweisen können. Auch ist die Oberflächengüte nicht besonders hoch.

Problematisch für die Erstellung mikrofluidischer Strukturen mit Pulverdruck oder SLS ist, dass selbst bei Verwendung feinster Pulver die Mikrokanäle, gerade bei komplexeren Strukturen wie mäandernden Mischerstrukturen, nicht zu befreien sind.

Ein weiteres Problem tritt selbst bei Herstellung großer Kanäle auf: das sogenannte Rückseitenproblem, dargestellt in Abbildung 2. Soll eine Kanalstruktur durch eine über den Seitenwänden liegende Schicht nach oben geschlossen werden, so lässt sich sehr schlecht beeinflussen, inwieweit applizierter Klebstoff auch in die unter der Arbeitsebene liegenden Schichten gelangt beziehungsweise auch unterhalb der Arbeitsebene Aufschmelzung stattfindet und dort für unerwünschte Verfestigung des Pulvers sorgt. Selbst wenn das vollständige Zusetzen des Kanals nicht auftritt, so ist doch eine auf diese Weise erstellte Kanaldecke keineswegs homogen glatt, sondern zerklüftet. Weil die Kanaldecke während ihrer Bauphase auf der Rückseite der Arbeitsebene liegt, spricht man hierbei vom Rückseitenproblem. Die Konsequenz ist, dass mikrofluidische Strukturen, werden sie als geschlossene Strukturen gebaut, dadurch stets eine Kanaldecke von schlechter Oberflächenqualität aufweisen.

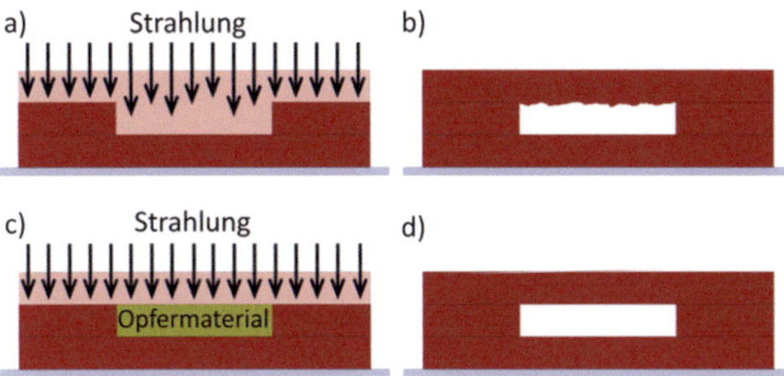

Abbildung 2   Das Rückseitenproblem tritt auf, wenn ein noch mit unausgehärtetem Material gefüllter Kanal mit einer weiteren Lage Material gedeckelt werden soll. Hierbei wird (Streu-)Strahlung beziehungsweise Klebstoff tiefer eindringen als die gewünschte Schichtdicke (a). Dadurch ergibt sich eine ungleichmäßige obere Kanaldecke (b). Da die Kanaldecke beim Fertigungsschritt die Rückseite der Arbeitsebene bildet, spricht man hierbei vom Rückseitenproblem. Wird das unausgehärtete Material im Kanal vor dem Deckeln durch ein Opfermaterial ersetzt (c), so erhält man nach dessen Entfernung eine glatte Kanaldecke (d). Dies ist jedoch insbesondere bei kleinen Kanaldurchmessern im Verhältnis zur Kanallänge problematisch.

3.3 Lithographische Verfahren

Der erste Lithographieprozess wurde 1800 von Senefelder unter Verwendung von Kalkgestein vorgestellt (Senefelder 1818). Hierbei veränderte er durch gezieltes Auftragen von Wachs und darauf folgendes Ätzen die Oberfläche des Steins: Diese wurden hydrophil, während die wachsgeschützten Bereiche auch nach Entfernung des Wachses hydrophob blieben. Der Stein ließ sich folglich an definierten Stellen mit Tinte benetzen und zum Druck verwenden. Weil gleichsam mit Stein geschrieben wurde, entstand aus den griechischen Wörtern Lithos (= Stein) und graphein (= schreiben) der Begriff Lithographie.

Heutzutage ist die Lithographie die wichtigste Herstellungsmethode für Mikroelektronik und Mikromechanik. Üblicherweise werden fotolithographische Prozesse angewendet, bei welchen ein strahlungsempfindliches

Material, der sogenannte Fotolack, mit geeigneter Strahlung lokal in seinen physikalischen und chemischen Eigenschaften verändert wird. Der Fotolack wird üblicherweise durch Aufschleudern oder Sprühbelackung als dünne Schicht auf ein Substrat aufgetragen. Durch Verwendung einer Fotomaske zwischen Substrat und Strahlungsquelle wird diese Schicht strukturiert, das Bild der Fotomaske wird in den Fotolack übertragen, siehe Abbildung 3. Hierbei wird die Löslichkeit des Lacks in belichteten Bereichen erhöht oder verringert. Im ersteren Fall werden die belichteten Bereiche des Lacks besser in einer Entwicklerlösung (zumeist einem organischen Lösungsmittel) löslich, man spricht von einem Positivlack. Im zweiten Fall wird der Lack an den Flächen chemisch vernetzt, die Löslichkeit also herabgesetzt, man spricht von einem Negativlack. Mit geeigneten Lösemitteln wird nach der Belichtung das nicht belichtete Material entfernt. Bei der Herstellung mikrofluidischer Strukturen kommen hauptsächlich Negativlacke zum Einsatz. Dies liegt vor allem daran, dass hochvernetzende Negativlacke strukturell meist sehr beständig sind und daher chemisch und physikalisch beständige mikrofluidische Kanalstrukturen bilden.

Die so entstandenen Strukturen sind 2,5D, da eine Strukturierung entlang der Ebenennormalen (z-Richtung) lithographisch nicht möglich ist. Solche Strukturen lassen sich bereits als Abformlehre verwenden oder, sofern das Material für die Anwendung geeignet ist, nach Deckelung auch direkt als Mikrofluidikchip einsetzen. Üblicherweise kommt als Strahlungsquelle eine UV-Lampe zum Einsatz. Benutzte man früher meist Lichtbogenlampen wie zum Beispiel Quecksilberdampflampen, so werden mittlerweile in der Serienproduktion zunehmend Laser oder Licht emittierende Dioden (LED) verwendet.

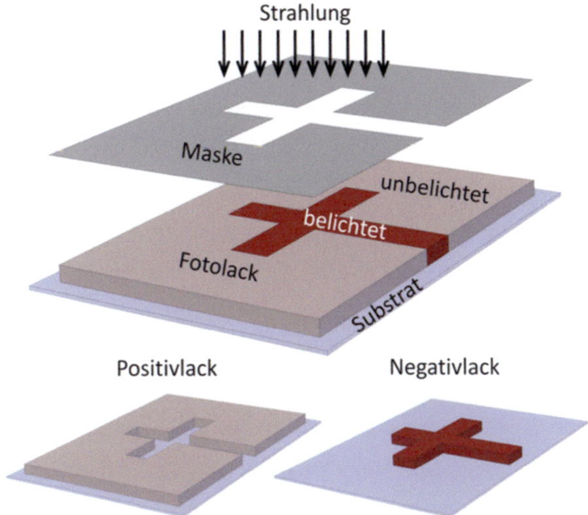

Abbildung 3   Prinzip der Lithographie. Ein strahlungsempfindlicher Fotolack wird zunächst auf einem Substrat aufgetragen. Mittels einer Maske wird Licht strukturiert und trifft auf den Fotolack. Je nachdem, ob es sich um einen Positiv- oder Negativlack handelt, wird die Löslichkeit des Fotolacks in einer Entwicklerlösung erhöht oder reduziert. Nach der Belichtung wird der Lack entwickelt, wobei (je nachdem, ob es sich um einen Positiv- oder Negativlack handelt) die belichteten bzw. nicht belichteten Bereiche entfernt werden. Beim Positivlack wird die Form der Maske im Fotolack abgebildet, beim Negativlack das Negativ der Maske.

Die Fotolithographie eignet sich besonders für die Herstellung komplexer, aufwendig strukturierter Bauteile, da sie, sobald die Maske einmal hergestellt wurde, ein paralleler Prozess ist. Das bedeutet, dass Komplexität oder die Anzahl der Strukturen pro Substrat keinen Einfluss auf die Bearbeitungszeit haben. Die Belichtungszeit bleibt gleich, und die Masken sind nahezu beliebig oft wiederverwendbar. Es handelt sich damit im klassischen Sinne um ein paralleles Replikationsverfahren. Die kostengünstige Massenfertigung von Halbleiterelementen ist heute ohne Einsatz von Lithographie undenkbar. Für Komponenten-Prototyping, wie es vor allem in Forschung und Entwicklung zum Einsatz kommt, ist die Lithographie nicht uneingeschränkt geeignet. Werden nur geringe Stückzahlen einer Struktur benötigt, weil beispielsweise Parameteroptimierungen an Einzelstücken durchgeführt werden müssen, so muss für jedes Design eine neue Maske hergestellt werden.

Die Herstellung der Masken erfolgt dabei meist ebenfalls über ein lithographisches Verfahren, das ohne Maske durchgeführt werden kann. Bei diesen, als maskenlose Lithographie bezeichneten Verfahren, wird nicht eine Flutlichtquelle abgeschattet, sondern ein Strahlbündel gerichtet auf den Lack gelenkt. Dies kann ein Elektronen-, Röntgen- oder Laserstrahl sein. Bei der Herstellung mikroelektronischer Bauteile wird dabei meist zunächst eine Chrommaske hergestellt, die dann in der Folge als Lithographiemaske verwendet wird. Zur Erstellung von qualitativ hochwertigen statischen Masken ist also eine gute apparative Ausstattung notwendig, was dazu führt, dass gerade kleinere Firmen oder Forschungseinrichtungen diese Masken extern fertigen lassen.

3.3.1 Stereolithographie

Wie bereits erwähnt, wird die klassische Lithographie mit statischen Masken vornehmlich zur 2,5D-Strukturierung verwendet. Eine 3D-Strukturierung ist zwar möglich, jedoch muss dann für jede weitere Schicht zunächst das Substrat neu beschichtet werden und danach wieder eine neue Maske aufgelegt werden. Die Beschichtung innerhalb der Lithographieanlage selbst ist dabei kaum möglich, weshalb das Substrat entfernt und nach dem Beschichten wieder eingelegt werden muss. Dabei ist exakte Repositionierung nötig, sonst verschieben sich die Strukturen zwischen den einzelnen Schichten. Auch die neue Maske muss exakt positioniert werden. Je kleiner die zu erzeugenden Strukturen sind, umso mehr stellt die Ausrichtung von Maske und Substrat zueinander eine Herausforderung dar. Einige Fotolacke erschweren zusätzlich die Strukturerzeugung wegen der nötigen thermischen Behandlung vor und nach der Bestrahlung. Bei der

Verwendung solcher Lacke ist außerdem eine zusätzlich Stützstruktur erforderlich, weil nicht ausgehärtetes Material nach jedem Belichtungsschritt entfernt werden muss. Hinzu kommen die hohen Kosten, die mit der Herstellung der Masken verbunden sind, da im Wesentlichen für jede Ebene eine eigene Maske angefertigt werden muss.

Anstelle von statischen Masken, die unmittelbar vor der Arbeitsebene positioniert werden, können dynamisch erzeugte Masken aus gewisser Entfernung auf die Arbeitsebene projiziert werden. Lässt sich die Fokusebene der Projektion rechtwinklig zum Substrat in z-Richtung ändern, so kann man jede neue Arbeitsebene scharf belichten. Somit sind Substrat und Maske immer perfekt aufeinander ausgerichtet. Diese Verfahren fallen unter den Begriff Stereolithographie (STL).

Die bekannteste Art der Stereolithographie und gleichzeitig das am weitesten verbreitete Rapid-Prototyping-Verfahren soll im Folgenden erklärt werden. In einem Becken wird flüssiges Monomer vorgehalten. Innerhalb dieses Beckens befindet sich auch eine in z-Richtung bewegliche Grundfläche. Diese wird nach Belichtung einer Schicht um die Schichtdicke d nach unten ins Bad hineinbewegt, so dass die letzte auspolymerisierte Schicht wieder mit Monomer benetzt wird und die Arbeitsebene wiederum auf dieser Schicht liegt. Die Belichtung erfolgt dabei zumeist über einen Laserstrahl, der mittels eines optischen Scanners über die Arbeitsebene seriell gerastert wird. Die Steuerinformation für den Laser wird aus den digitalen Modellen der herzustellenden Strukturen berechnet, es sind somit keine Masken notwendig. Vielmehr muss lediglich die Bewegungssteuerung des Laserstrahls mittels der zugrunde liegenden Computerdaten geändert werden. Das Maskendesign kann in Bildbearbeitungsprogrammen am Computer generiert und dort auch einfach angepasst werden. Es entfallen also Wartezeiten und Kosten für die Herstellung statischer Masken.

Da in einem Bad aus flüssigem Monomer gearbeitet wird, müssen Hinterschnitte entweder aus demselben Material unterstützt werden oder das

Monomer im Bad muss während des Bauvorgangs (wiederholt) ausgewechselt werden. Kleinere Hinterschnitte lassen sich auch ohne Stützstruktur herstellen, allerdings tritt hierbei auch das Rückseitenproblem (siehe Kapitel 3.2) auf. Insbesondere bei der Verwendung transparenter Werkstoffe, deren Verarbeitbarkeit gerade ein Vorteil der Stereolithographie ist, dringt Strahlung auch über die Arbeitsebene hinaus bis zu unterhalb liegenden Schichten ein. Ist die Eindringtiefe bekannt und konstant, so lässt sich dieser Effekt beim Maskendesign berücksichtigen, indem beispielsweise eine herausragende Struktur erst in einer weiter oben liegenden Arbeitsebene integriert wird.

Die gewünschte Bauteilgröße gibt bei der Stereolithographie im Bad auch dessen erforderliches Volumen vor. Gerade größere Bauteile erfordern deshalb auch das Vorhalten einer großen Menge an Monomer, was bei teuren Kunststoffen nachteilig ist. Ein weiteres Problem bei der Herstellung im offenen Bad tritt bei der Verwendung von radikalisch vernetzenden Monomeren wie Acrylaten auf: Der Luftsauerstoff inhibiert die Polymerisation, was die Aushärtung des Materials hemmen kann.

Neben der Stereolithographie im Bad gibt es eine weitere, seit einigen Jahren ebenfalls verbreitete Methode, bei welcher nur innerhalb eines dünnen Films aus Monomer gearbeitet wird. Dies wird dadurch erreicht, dass die Belichtung von unten durch eine für die verwendete Wellenlänge strahlungsdurchlässige Platte erfolgt und die Grundfläche nach jedem Belichtungsschritt um die Schichthöhe d nach oben (weg von der Platte) bewegt wird. Zwischen schichtweise wachsender Struktur und Platte entsteht beim Abheben ein Spalt, in welchen Monomer nachfließt und wieder belichtet werden kann. Dies ist die Arbeitsebene. Weil das Objekt oberhalb der Arbeitsebene hängt, also gewissermaßen vom Arbeitstisch herunter, wird diese Methode auch Fledermaustechnik genannt, siehe Abbildung 4.

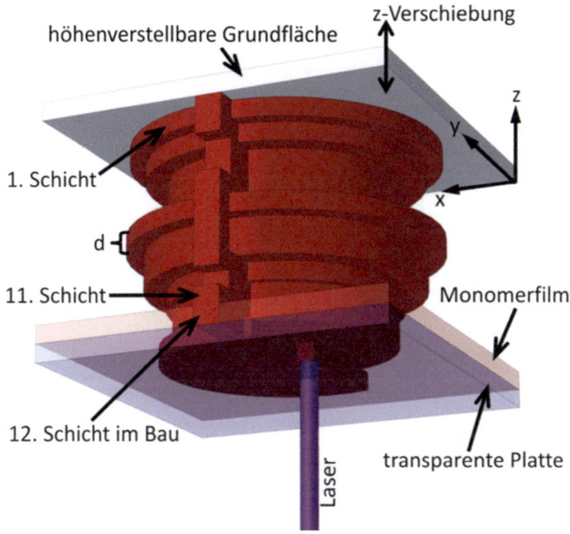

Abbildung 4   Stereolithographie (STL) mit der Fledermaustechnik. In einem Becken mit transparenter Bodenplatte wird ein dünner Film Monomer vorgehalten. Die Grundfläche taucht für die Herstellung der ersten Schicht in den Monomerfilm ein. Mittels Laserstrahl wird das Monomer durch die transparente Platte hindurch gezielt auspolymerisiert, dabei verbindet es sich mit der Grundfläche. Nach Erstellung der ersten Schicht wird die Grundfläche um die Schichtdicke d nach oben gefahren. Daraufhin fließt Monomer nach in den Spalt zwischen erster Schicht und transparenter Platte, und die zweite Schicht kann erzeugt werden. Dies wird solange wiederholt, bis die gewünschte Bauteilhöhe erreicht wurde.

Im Gegensatz zur Stereolithographie im Bad wird zum Füllen des Spaltes zwischen Grundfläche bzw. teilfertiger Struktur und strahlungsdurchlässiger Platte nur eine geringe Menge Monomer benötigt, die für jede Schicht neu eingefüllt werden kann. Dadurch wird kaum mehr Monomer verbraucht, als für die zu erstellende Struktur benötigt wird, was gerade bei hochpreisigen oder selbstsynthetisierten, also zumeist nicht in großen Mengen verfügbaren Materialien ein großer Vorteil ist. Des Weiteren verhindert der nach oben und unten abgeschlossene Bauraum die Radikalinhibierung. Hinterschnitte sind bei der Fledermaustechnik einfacher realisierbar als bei der Stereolithographie im Bad, weil bei jeder neuen Schicht nur eine geringe Menge Monomer gegen Opfermaterial getauscht werden muss. Bei größeren Strukturdimensionen, in denen die Kapillarkraft vernachlässigbar ist, kann auf ein Opfermaterial ganz verzichtet werden, weil sich oberhalb der Arbeitsfläche kein Monomer befindet.

Eine weitere Form der Stereolithographie ist die sogenannte Zweiphotonenlithographie. Durch sehr kurze Laserpulse wird innerhalb des in einem Bad vorgehaltenen Monomers eine lokale Fotopolymerisation im Fokuspunkt des Lasers ausgelöst. Hierbei wird ausgenutzt, dass ein einzelnes energiearmes Photon zu geringe Energie hat, um weitere Photonen auszulösen. Zwei Photonen jedoch reichen aus, um ein Fluorophor dazu anzuregen, ein Photon der Wellenläge auszulösen, welche für die Fotopolymerisation notwendig ist. Die Anregungsstrahlung kann eine andere Wellenlänge haben als die bei der Absorption emittierte. Es lassen sich Monomer und Anregungswellenlänge so zueinander abstimmen, dass nur die emittierte Wellenlänge Polymerisation auslöst. Deshalb lassen sich innerhalb des Monomerbades alle Punkte unabhängig von ihrer Position mit dem Laser fokussieren und lokal aushärten. Um die Wahrscheinlichkeit des Eintretens dieses Falles zu erhöhen, muss der Photonenfluss auf hohem Level gehalten werden, was meist einen Laser als Strahlungsquelle voraussetzt. Die Zweiphotonenlithographie wurde bereits 1931 von (Goeppert-Mayer 1931) theoretisch beschrieben und 30 Jahre später von (Kaiser 1961) praktisch ausgeführt. Sie erlaubt feinste Strukturierung bis in den Submikrometerbereich (Kumi 2010; Malinauskas 2010; Narayan 2010). Es wurden Kanalstrukturen mit Querschnitten im einstelligen Mikrometerbereich gezeigt (Coenjarts 2004). Allerdings lassen sich mit diesem Verfahren bisher nur Strukturen mit Gesamtabmaßen von wenigen Millimetern herstellen. Die Höhe der erzeugten Bauteile ist dabei zumeist auf die Dicke einer Lackschicht beschränkt.

Bei diesen stereolithographischen Methoden, der im Bad, der Fledermaus-technik und der Zweiphotonenabsorption, wird die Arbeitsebene seriell belichtet. Es wird also immer nur ein Volumenelement nach dem anderen ausgehärtet. Folglich nimmt die Bearbeitungszeit für das Belichten einer Schicht mit Größe der Struktur zu. Da der Durchmesser des Laserpunktes die kleinstmögliche Strukturgröße vorgibt, sorgen feinstrukturierte Chips für längere Gesamtbelichtungszeiten.

Die Herstellung statischer Masken ist also zeitaufwendig und teuer, erlaubt aber im Anschluss durch paralleles Arbeiten kurze Belichtungszeiten unab-hängig von Strukturgröße und -komplexität, wohingegen die maskenlose seriell projizierte Belichtung flexibel, aber langsam ist. Um den Vorteil beider Verfahren zu verbinden, wurden in den letzten Jahren verstärkt Methoden beschrieben, die eine maskenlose und gleichzeitig parallele Lithographie und somit die Verbindung der Vorteile beider Verfahren erlauben.

3.3.2 Maskenlose parallele Lithographie

Die Kombination von paralleler und gleichzeitig dynamischer Generierung einer Fotomaske ermöglichen transluzente Bildschirme oder reflektive schwenkbare Mikrospiegel im Strahlengang. Man nennt dies auch räumli-che Lichtregulierung, da man Licht innerhalb einer eingegrenzten Fläche partiell erscheinen lassen kann. Auf Grund der Tatsache, dass transluzente Bildschirme starke Dämpfung des Lichts verursachen und mit steigender Benutzungszeit zusätzlich an Durchlässigkeit einbüßen, die Lichtausbeute in der Arbeitsebene also mit der Zeit abnimmt, haben sich reflektive Ver-fahren etabliert. Sogenannte Mikrospiegelarrays (DMDs, vom englischen „Digital Micromirror Device") wurden 1986 von Texas Instruments zu-nächst für Druckverfahren patentiert (Hornbeck 1986), bevor 1991 auch deren Benutzung als Lichtregulator beschrieben wurde (Hornbeck 1991;

Hornbeck 1992). Die bekannteste Anwendung von DMDs dürften heute Videoprojektoren sein, welche weltweit millionenfach im Einsatz sind.

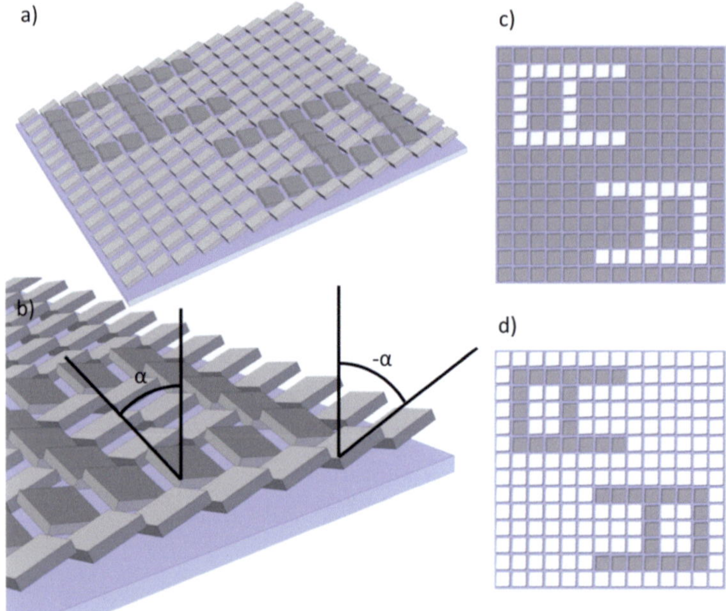

Abbildung 5   Prinzipieller Aufbau eines Mikrospiegelarrays (DMD, engl. „Digital Micromirror Device"). Eine Vielzahl von Spiegeln ist über deren Diagonale beweglich an jeweils zwei Spiegelecken aufgehängt (a). Die Spiegel lassen sich elektrostatisch gesteuert einzeln kippen, so dass sie entweder in die eine oder die andere Richtung um den Winkel α ausgelenkt werden (b). Wird der DMD im korrekten Winkel beleuchtet, so reflektieren die Spiegel ein Bild gemäß dem Kippwinkel der einzelnen Spiegel (c). Werden die Spiegel in die andere Richtung gekippt, so invertiert sich das Bild (d).

Ein DMD besteht aus einer Vielzahl von Spiegeln, üblicherweise in quadratischer Fläche mit Kantenlängen im zweistelligen Mikrometerbereich, die an zwei gegenüberliegenden Ecken beweglich aufgehängt sind und mittels eines an- und ausschaltbaren elektrostatischen Feldes über ihre Diagonale abgelenkt werden können (siehe Abbildung 5). Über entsprechende Software werden die einzelnen Spiegel entsprechend einem voreingestellten Bild in die eine oder andere Richtung ausgelenkt. Wird nun das DMD mit Licht bestrahlt, reflektieren die Spiegel, die zur selben Seite gekippt sind, ein Bild in eine bestimmte Richtung. Die jeweils zur anderen Seite gekippten Spiegel reflektieren das Negativ dieses Bildes in die andere Richtung, siehe Abbildung 6. Die Reflexion geschieht im Winkel entsprechend dem Winkel, in dem die Spiegel zueinander gekippt sind. Üblicherweise wird nur das Bild verwendet und durch eine Fokussieroptik geleitet, während das Negativ gegen eine nicht reflektierende Fläche gestrahlt wird und ungenutzt bleibt. Im Fokus der Abbildungsoptik muss sich für die Anwendung in der Lithographie die Arbeitsebene befinden.

Bei der Verwendung eines DMD müssen einige Randbedingungen eingehalten werden. Zunächst muss das Licht kollimiert sein, damit die Reflexion ebenfalls gleichwinklig über das gesamte Array abgestrahlt wird. Ebenso muss das Licht monochromatisch sein, weil die Spiegel, bedingt durch ihre regelmäßige Anordnung, als optisches Gitter fungieren und sonst Doppelbilder in den verschiedenen Farbtönen erzeugen würden. Deshalb wird beispielsweise in Videoprojektoren die jeweils zu projizierende Farbe durch ein im Strahlengang hinter dem DMD platziertes, mit den drei Grundfarben versehenes Filterrad erzeugt, wobei Drehfrequenz (und damit Farbwechsel) und Mikrospiegel so getaktet werden, dass die Farben durch sehr schnelles Schalten der Spiegel quasi gemischt werden. Zwar muss das Licht möglichst monochromatisch und kollimiert sein, aber das lässt sich durch entsprechende Optiken und Filter, die im Strahlengang vor dem DMD liegen, erreichen. Auf diese Weise können viele Typen von Strahlungsquellen verwendet werden. Am häufigsten verwendet werden Dampflampen, Leuchtdioden und Laser.

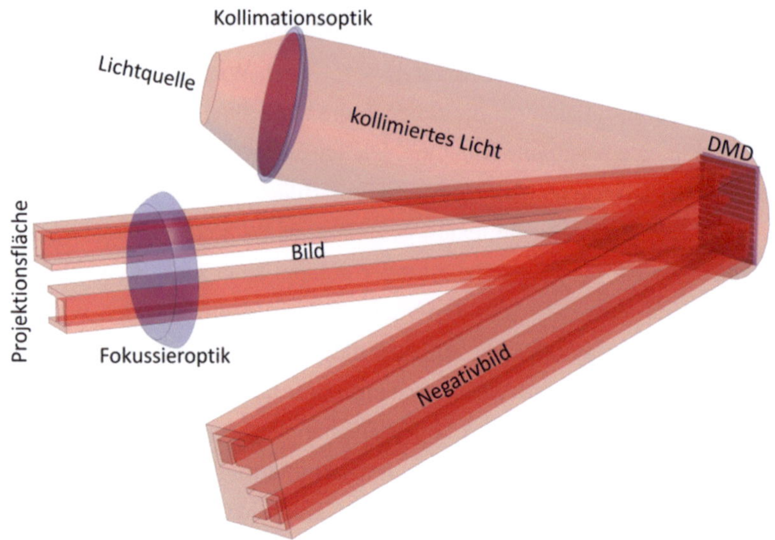

Abbildung 6   Prinzip der Belichtung eines DMD zur Bilderzeugung. Das von einer Lichtquelle emittierte Licht wird durch eine Kollimationsoptik parallelisiert und trifft unter einem Winkel, der doppelt so groß ist wie der positive Deflektionswinkel der Einzelspiegel, auf den DMD. Diejenigen Spiegel, die negativ gekippt sind, reflektieren das Licht auf eine nichtreflektierende Fläche, das Negativbild bleibt ungenutzt. Die positiv gekippten Spiegel reflektieren das gewünschte Bild (siehe Abbildung 5) durch eine Fokussieroptik auf die Projektionsfläche.

Werden Strahlungsquellen breiteren Spektrums verwendet, so wird ein Vorteil gegenüber der Laserlithographie erreicht: Im Gegensatz zu dieser kann durch Verwendung verschiedener Filter die Wellenlänge der Anwendung angepasst werden, wohingegen bei schmalbandigen oder monochromatischen Quellen immer die komplette Lichtquelle ausgetauscht werden muss. Sofern dies überhaupt möglich ist, entstehen hierdurch für jede Wellenlänge neue Kosten.

Im Gegensatz zu den seriellen Methoden wird bei der DMD-basierten Lithographie immer ein Bild aus vielen Einzelpunkten gleichzeitig, also parallel belichtet. Üblich sind DMDs mit Pixelanzahl gängiger Videostandards wie beispielsweise VGA (Video Graphics Array) mit 640×480 Pixeln oder HD 1080 (High Definition) mit 1920×1080 Pixeln. Die Größe eines projizierten Pixels ist abhängig von der Vergrößerung respektive Verkleinerung der Projektionsoptik. Dies lässt sich also entsprechend den Anforderungen der Anwendung anpassen. Während bei der Videoprojektion ein großes Bild angestrebt wird, ist für die Verwendung in der Lithographie meist eine sehr geringe Vergrößerung oder sogar Verkleinerung notwendig. Im Falle der Erzeugung mikrofluidischer Strukturen, deren Kanalweiten zumeist im hohen zweistelligen bis dreistelligen Mikrometerbereich liegen, scheint eine Verkleinerung zunächst unnötig. Möchte man jedoch Radien, runde Reservoirs oder andere nicht rechtwinklige Strukturen erzeugen, so sollte die Pixelgröße mindestens zehnmal kleiner sein als der Kanalquerschnitt, damit keine kantigen Kanalwände erzeugt werden. Durch eine entsprechende Verkleinerungsoptik beträgt die Projektionsfläche dann wenige Quadratmillimeter. Reicht diese Fläche nicht aus, weil ein Mikrofluidikchip größerer Dimensionen erforderlich ist, so kann das sogenannte Stitching (engl. Aneinanderheften, Nähen) angewendet werden. Verschiebt man das Substrat oder die Projektionsoptik, beispielsweise durch Verwendung geeigneter Linearaktoren, so kann man ein projiziertes Bild neben das andere belichten. Hierbei ist natürlich eine mikrometergenaue Steuerbarkeit der Aktoren vonnöten.

Mit Ausnahme lasergestützer Verfahren, bei denen tiefer in ein Volumenelement aus Monomer hineinfokussiert wird, können mit einer DMD-basierten Lithographie dieselben Verfahren angewendet werden wie mit statischen Masken oder Laser. Dabei verbindet ein DMD deren Vorteile miteinander: Die parallele Belichtung ist schneller als serielle und unabhängig von der Komplexität des Bildes, dabei ist das „Wechseln" der Maske mittels Software eine Frage von Sekunden. Die Verwendung gefilterter Breitbandlichtquellen ermöglicht Bearbeitung von unter verschiedenen Wellenlängen aushärtenden Fotolacken.

3.4 Abformung

Mit den oben aufgeführten Methoden lassen sich offene Strukturen ohne Hinterschnitte erzeugen. Stellt man zunächst die negative Form einer mikrofluidischen Struktur her, so lässt sich diese als Abformlehre verwenden, um die Positivform zu erhalten. Dies ist immer dann vorteilhaft, wenn man mehrere identische Chips benötigt oder das gewünschte Chipmaterial nicht oder nur schlecht mit den oben aufgeführten Methoden strukturierbar ist.

Die in der Wissenschaft am häufigsten angewendete Methode zur Chipherstellung mittels Replikation wurde unter dem Namen Soft-Lithographie Ende der 90er Jahre von der Whitesides-Gruppe vorgestellt (Duffy 1998). Hierbei vernetzt ein aus zwei Komponenten bestehendes Polydimethylsiloxan (PDMS, Silikon) Präpolymer bei Raumtemperatur auf einer Abformlehre. Die Replikation einer Negativform ist mit Silikon sehr einfach realisierbar, kleine Strukturen können detailgetreu abgeformt werden (Kim 2002) und das Material lässt sich aufgrund seiner Flexibilität einfach entfernen. Diese Flexibilität erlaubt es darüber hinaus, sehr einfache monolithische Ventile direkt in der Struktur zu erzeugen (Unger 2000). Da der Silikongussprozess bei Raumtemperatur ausführbar ist, stellt Soft-Lithographie keine hohen Anforderungen an die Abformlehre. Mittels maskenloser Projektionslithographie lassen sich Abformlehren ausreichender Qualität herstellen. Eine eingehende Beschreibung der Materialeigenschaften von PDMS findet sich in Kapitel 4.1.5.

Lässt die Abformlehre auch Einsatz unter erhöhter Temperatur zu, so erweitert sich die Palette an abformbaren Materialien erheblich, das sogenannte Heißprägen wird möglich. Hierbei werden amorphe Polymere auf Glasübergangstemperatur gebracht. Diese materialspezifische Temperatur liegt unterhalb des Schmelzpunktes und kennzeichnet den Übergang vom festen zum weichen, fließfähigen Aggregatzustand. Unterhalb der Glasübergangstemperatur ist die amorphe Phase des Polymers unbeweglich, daher ist der Kunststoff fest. Hier ist beispielsweise spanende Bearbeitung möglich. Ab Erreichen der Schmelztemperatur verschwindet die kristalline Phase, das Material lässt sich gießen. Im Bereich dazwischen lässt sich der Kunststoff heißprägen. In diesem Prozessfenster kann der Kunststoff mittels einer Abformlehre strukturiert werden.

Teilkristalline Polymere haben keine ausgeprägte Glasübergangstemperatur, sie lassen sich bei Temperaturen um den Schmelzpunkt heißprägen.

Wegen des verhältnismäßig geringen apparativen Aufwands bei gleichzeitig hochqualitativen Chips ist das Heißprägen für Anwendungen in der Wissenschaft verbreitet (Becker 2000; Heckele 2004; Begolo 2011). Eine weitere Abformmethode ist der Spritzguss. Beim Spritzgießen wird der Werkstoff zum Schmelzen gebracht und in einen Hohlraum, die Abformlehre, gepresst, wo er anschließend abkühlt und aushärtet. Dies stellt erhöhte Anforderungen an die mechanische Festigkeit und Temperaturbeständigkeit der Abformlehre, die deshalb üblicherweise aus Metall hergestellt wird. Aufgrund des maschinellen Aufwands ist das Verfahren für Einzel- und Kleinserienfertigung ungeeignet. Wenn auch Mikrofluidikstrukturen im Spritzguss für Einzelanwendungen gezeigt wurden (Mair 2006; Morales 2006; Attia 2009), so wird diese Methode üblicherweise für die industrielle Großserienfertigung mikrofluidischer Komponenten verwendet (Kim 2006; Becker 2009).

3.5 Verbindungstechnik

Vorteil aller materialauftragenden Verfahren ist, dass Mikrofluidikchips direkt mit Kanälen erzeugt werden können. Das heißt, es kann ein Chip in einem Arbeitsschritt vollständig hergestellt werden. Dies ist allerdings nur dann möglich, wenn Kanäle oder andere Hohlräume entsprechend makroskopische Abmaße haben. Anderenfalls verhindert die Kapillarkraft das Entfernen nicht auspolymerisierten Monomers oder Opfermaterials, außerdem ist eine Teilpolymerisation des Monomers im Kanal durch Streulicht während der Belichtung schwer auszuschließen (siehe auch das „Rückseitenproblem" im Kapitel 3.2). Meistens wird deshalb zunächst ein Chip mit offenem Kanalprofil erzeugt, welches gut von Herstellungsrückständen zu reinigen ist. Dieses Profil muss in einem weiteren Schritt geschlossen werden. Neben industriellen Prozessen, die einen erhöhten Aufwand an speziellen Maschinen haben (wie zum Beispiel Ultraschall- oder Laserschweißen (Russek 2003; Luo 2010), gibt es eine Vielzahl einfacher möglicher Verfahren wie beispielsweise Kleben (Wistuba 1980). Kleben kann problematisch sein in Bezug auf Mikrofluidikchips: Wird der Klebstoff nicht perfekt auf die Klebestellen abgestimmt bezüglich Applikationsort und -menge, so sorgt die Kapillarkraft dafür, dass Kleber in die Kanäle gezogen wird, was den Chip unbrauchbar macht (Spritzendorfer 2003).

Beim sogenannten Bonden werden die Bauteile ohne Klebstoffzusatz miteinander verbunden. Hilfsmittel bei vielen thermoplastischen Kunststoffen sind hierbei Lösemittel an der Oberfläche, Erhitzung oder Bestrahlung, um gezielt die Materialeigenschaften zu ändern (Tsao 2007; Ng 2008; Pemg 2010).

Zum Bonden von Silikon hat sich eine Oberflächenaktivierung bewährt, welche ohne Zusatzstoffe eine kovalente Bindung erzeugt (Duffy 1998). Neben der Verwendung von teuren Vakuum-Plasmasystemen ist eine apparativ einfache Möglichkeit zur Aktivierung, die Behandlung der Oberflächen mit einem Coronagenerator (Haubert 2006). Bei einem Coronagenerator wird an einer Drahtelektrode eine Hochspannung angelegt, welche die Umgebungsluft ionisiert, so dass ein Sauerstoffplasma entsteht, die sogenannte Corona. Wird die Corona in die Nähe der Bauteiloberflächen gebracht, so bilden sich dort OH-Gruppen. Presst man zwei derart plasmaaktivierte Bauteile zusammen, so bilden sich kovalente Siloxanbindungen. Hierbei wird Wasser abgespalten. Der so erzeugte Verbund ist ähnlich stabil wie eine Klebeverbindung (Bhattacharya 2005; Eddings 2008). Derart bonden lässt sich zum Beispiel PDMS auf Glas, Cyclo-Olefin-

Copolymer, oder PDMS (Heckele 2006). Mit geeigneter Silanvorbehandlung lassen sich so auch Epoxide mit PDMS bonden (Neumann 2013a; Wilhelm 2013).

Durch diese Verbindungstechniken lassen sich natürlich nicht nur offene Mikrofluidikstrukturen deckeln, sondern auch komplexere Kanalsysteme aus mehreren Schichten zusammenfügen (Bilenberg 2004; Carlier 2004; Talaei 2009). So lassen sich viele Herstellverfahren miteinander kombinieren.

4. Materialien für Mikrofluidikstrukturen

Herstellverfahren sind grundsätzlich immer verknüpft mit den Materialien, aus denen ein mikrofluidischer Chip hergestellt werden soll. Dabei gibt es keine allgemeingültige Antwort auf die Frage, welches Material am besten geeignet ist. Diese Frage lässt sich immer nur spezifisch auf die Anwendung abgestimmt beantworten. Randbedingungen können Verträglichkeit für bestimmte Chemikalien, Gasdurchlässigkeit oder der Kontaktwinkel mit dem Analyten sein. Dann muss immer geprüft werden, ob und wie sich das gewählte Material bearbeiten lässt, um die gewünschte Struktur zu formen. Für einige Herstellverfahren müssen die eigentlichen Materialien auf einer Unterlage, dem sogenannten Substrat, bereitgestellt werden. Grund dafür kann zum Beispiel das Vorliegen im flüssigen Aggregatzustand sein. Im Folgenden werden diejenigen Materialien und Substrate näher beschrieben, die im Rahmen dieser Arbeit verwendet wurden.

4.1 Fotolacke

Als Fotolacke werden strahlungsempfindliche Materialien bezeichnet. Ihre physikalischen Eigenschaften verändern sich durch Bestrahlung mit bestimmten Wellenlängen. Zur Strukturierung wird der Lack nur lokal begrenzt bestrahlt (siehe Kapitel 3.3). Die Löslichkeit des Lacks wird bei sogenannten Positivlacken durch die Bestrahlung heraufgesetzt, bei sogenannten Negativlacken herabgesetzt. Nach erfolgter Belichtung wird entweder der belichtete oder der unbelichtete (je nachdem ob mit einem Positiv- oder Negativlack gearbeitet wurde) mit geeigneten Lösemitteln entfernt. Zurück bleibt eine Struktur, die zur Fertigung einer Mikrofluidikstruktur weiter prozessiert werden kann. Die im Rahmen dieser Arbeit angewandten exakten Parameter zur Strukturierung der aufgeführten Fotolacke werden im Kapitel 7 beschrieben.

4.1.1 SU-8

Der Fotolack SU-8 wurde ursprünglich von IBM als Dickschichtlack entwickelt (Jeffrey 1989; Lee 1995). Es handelt sich dabei um ein Monomer mit acht Epoxidgruppen, daher die „8" im Namen. Das Monomer ist ein Negativlack mit kationischer Fotoinitiation basierend auf Triarylium-Sulfoniumsalzen. Durch den hohen Grad an Quervernetzung können mit SU-8 Strukturen mit hohem Aspektverhältniss im Mikro- und Nanometerbereich erreicht werden (Lorenz 1997). In der Mikrofluidik wird SU-8 in den meisten Fällen lediglich als Material für die Abformlehre verwendet (Duffy 1998), es wurde aber auch die direkte Verwendung als Chipmaterial gezeigt (Talaei 2009).

Der Lack liegt üblicherweise gelöst vor und muss deswegen zur Strukturierung auf ein Substrat aufgetragen werden. Dies geschieht gewöhnlich durch Spincoating (engl. „Rotationsbeschichten"). Im Anschluss wird das beschichtete Substrat einem Tempervorgang, dem sogenannten Prebake (engl. „Vorbacken"), unterworfen, um das Lösungsmittel, in welchem der Lack gelöst ist, zu entfernen. Unter Bestrahlung mit Licht der Wellenlänge 365 nm wird im Lack eine Fotosäure freigesetzt, die die Vernetzung der Monomere auslöst (Dektar 1990). Im Gegensatz zu anderen Fotolacken, die auch mit Strahlung breiteren Spektrums ausgehärtet werden können, ist bei SU-8 eine möglichst monochromatische Strahlung nötig, um scharfe Strukturkanten zu erhalten. Dies kann bei polychromatischen Strahlungsquellen durch Verwendung sogenannter i-Line-Filter erreicht werden. Im Anschluss an die Belichtung wird wieder eine Temperierung durchgeführt, der sogenannte Post Exposure Bake (engl. „Backen nach der Aufnahme"). Anschließend kann der nicht belichtete Teil des Fotolacks mit einem Lösemittel im Ultraschallbad entfernt werden.

4.1.2 AZ-Lack

AZ-Lack ist ein dünnschichtiger Positivlack, der in der Halbleiterindustrie zumeist als Opferschicht zur Herstellung elektrischer Schaltungen verwendet wird. Durch Spincoating werden Schichtdicken von mehreren Mikrometern erreicht, anschließend wird der Lack vorgebacken. AZ-Lack wird nicht als Primärstruktur verwendet. Stattdessen wird zum Beispiel eine auf einem Substrat befindliche Goldschicht belackt und der Lack lithographisch strukturiert. Bei der Bestrahlung mit ultraviolettem Licht wird der Lack löslich und kann anschließend im Lösungsmittelbad entfernt werden. Die unbelichteten Teile bleiben erhalten und decken das Gold lokal ab. Nun lässt sich mit einer komplexbildenden Lösung (beispielsweise bestehend aus Iod und Kaliumiodid) das Gold ätzen, wodurch nur die durch die verbleibende, strukturierte Lackschicht geschützten Bereiche bestehen bleiben. Wird anschließend der AZ-Lack entfernt, kann so eine Leiterbahnstruktur auf dem Substrat erzeugt werden. AZ-Lack ist aufgrund seiner geringen erreichbaren Schichtdicken nicht zur direkten Herstellung von Mikrofluidikstrukturen geeignet. Seine gute Eignung als Schutzlack wurde jedoch zum Offenhalten mikrofluidischer Kanäle während des Verbindungsprozesses angewandt (Sato 2006; Bao 2010). Im Rahmen dieser Arbeit wurde AZ-Lack wegen seiner schnellen Prozessierbarkeit und hervorragenden Abbildungstreue zur Kalibrierung der entwickelten Lithographieanlage eingesetzt.

4.1.3 Accura 60

Unter dem Handelsnamen Accura 60 vertreibt die Firma 3D-Systems ein Epoxidharz, dessen Eigenschaften bezüglich Härte, Transparenz und Lebensdauer mit Polycarbonat verglichen werden können (3D-Systems 2006). Die Verwendbarkeit dieses Materials für die Mikrofluidik wurde bereits gezeigt (Rapp 2009; Neumann 2013b). Accura 60 wird in zähflüssiger

Form geliefert und wird üblicherweise für Rapid Prototyping im Bad verwendet. Spincoating führt wegen der Zähflüssigkeit und schlechten Substrathaftung nicht zu homogenen Schichten. Soll nur eine dünne Schicht auf einem Substrat belichtet werden, so wird eine Tropfmenge des Lacks durch Schwenken auf dem Substrat verteilt. Durch Auflegen eines Deckglases, gestützt durch Distanzscheiben seitlich des Substrates, wird eine gleichmäßige Dicke sichergestellt. Nach der Bestrahlung mit ultraviolettem Licht muss lediglich verbliebenes Monomer mit geeigneten Lösemitteln entfernt werden, um die Struktur verwenden zu können.

4.1.4 Fluorierte Werkstoffe

Aufgrund seiner extrem hohen chemischen Beständigkeit ist Polytetrafluorethylen (PTFE, auch bekannt unter dem Handelsnamen Teflon) ein Werkstoff für Mikrofluidikchips, in denen starke Säuren (zum Beispiel zum Reinigen) eingesetzt werden können. Sehr hohe Hydrophobizität und für einen Kunststoff verhältnismäßig hohe Temperaturfestigkeit und Gasundurchlässigkeit sind weitere Merkmale. Trotz dieser herausragenden Eigenschaften wird dieser Werkstoff wegen seiner schlechten Prozessierbarkeit nur selten für die Mikrofluidik eingesetzt. PTFE lässt sich nicht gießen oder fotolithographisch bearbeiten und wird deshalb fast ausschließlich spanabtragend strukturiert. Durch die hohe chemische Inertheit lässt sich PTFE nur sehr schwer kleben, die Verbindungstechnik ist problematisch.

Die positiven Eigenschaften von PTFE können unter Verwendung perfluorierter Polyether in einen fotopolymerisierbaren Werkstoff übertragen werden (Priola 1997). Um bei einem derartigen Werkstoff die Eignung für Mikrofluidikchips zu verbessern, wurde am Institut für Mikrostrukturtechnik ein perfluoriertes Polyetherdiethylmethacrylaturethan (PFPE-DEMAU) synthetisiert (Hannig 2010). Dies lässt sich mit ultraviolettem Licht strukturieren, ähnlich wie bei kommerziell erhältlichen Fotopolymeren. Versuche zeigten eine ähnlich hohe chemische Beständigkeit wie bei PTFE.

4.1.5 Polydimethylsiloxan

Polydimethylsiloxan (PDMS), bekannt unter dem Namen Silikon, ist ein Elastomer, das in den letzten zwei Dekaden große Bedeutung für die Mikrofluidik gewonnen hat.

Die Flexibilität erlaubt einerseits die monolithische Herstellung von Ventilen und Pumpen, andererseits die einfache Dichtung von Schlauchzuführungen. Das Material ist transparent und kann bei Raumtemperatur mit hoher Abbildungstreue zur Replikation eingesetzt werden.

PDMS wird zumeist als Zweikomponentenwerkstoff, bestehend aus Polymermatrix und Vernetzer (bestehend aus Oligosiloxanen und darin gelöstem Platin-Katalysator), angeboten (Wacker-Chemie 2012) und ist verhältnismäßig preisgünstig. Nach dem Mischen der beiden Komponenten kann das Präpolymer einige Minuten bis wenige Stunden verarbeitet werden. Die Aushärtung erfolgt nach dem Mischen selbstständig, kann aber durch Wärmezufuhr beschleunigt werden. Auch hohe Aspektverhältnisse und komplexe Strukturen lassen sich abformen (Kim 2002). Aufgrund seiner Flexibilität und niedrigen kritischen Oberflächenspannung lässt sich PDMS nach dem Abgussvorgang leicht von der Abformlehre entfernen.

PDMS ist beständig gegenüber wässrigen und polaren Lösungsmitteln. Nachteilig an PDMS sind vor allem die Unbeständigkeit gegenüber gängigen organischen Lösungsmitteln, Kohlenwasserstoffen, Basen sowie Plasma- und UV-Bestrahlung, seine hohe Gasdurchlässigkeit und die Tendenz, kleine (vor allem unpolare) Moleküle zu absorbieren. Es wird daher nach Alternativen zu PDMS, die aber ebenso einfach prozessierbar sind, gesucht (Berthier 2012).

4.2 Substrate

Eine Grundlage, auf welcher die Fertigung einer Mikrofluidikstruktur startet, nenn man Substrat. Dieser Begriff ist der Halbleiterindustrie entliehen, dort wird die Unterlage, auf der Halbleiterchips zur Anschlusskontaktierung befestigt werden, ebenfalls Substrat genannt wird. Die erste (oder einzige) Schicht eines Werkstoffs wird darauf appliziert, beispielsweise per Sprühbelackung oder Spincoating, anschließend kann beispielsweise lithographisch strukturiert werden. Das Substrat muss eine Haftung des Monomers gewährleisten, aber vor allem eine Bindung mit dem Polymer eingehen können, wenn es später Teil der Struktur sein soll. Soll die Struktur nur temporär während der Belichtung auf dem Substrat bleiben, so ist dementsprechend eine schlechte Haftung vorteilhaft zum Entfernen der Struktur. Wenn wie beim Lithographieverfahren nach der Fledermaustechnik von der Unterseite belichtet wird, gibt es zwei Möglichkeiten: Entweder das Monomer muss am Substrat so gut haften, dass es entgegen der Schwerkraft, also kopfüber, mit dem Substratboden nach oben aufgehängt werden kann, ohne dass das Monomer der Schwerkraft folgend vom Substrat tropft. Oder das Substrat muss transparent für die entsprechende Belichtungswellenlänge sein, so dass das Monomer durch das Substrat hindurch belichtet werden kann. Wenn durch das Substrat hindurch belichtet wird, kann dieses nicht flächig auf dem meist lichtundurchlässigen (metallischen) Substrathalter aufliegen, sondern nur seitlich abgestützt werden. Eine hohe Steifigkeit ist Voraussetzung für die Verwendung als Substratmaterial, weil im Falle des Durchhängens der spätere Chip verbogen oder unscharf belichtet sein könnte. Das Substrat muss also den verwendeten Materialien und Herstellverfahren angepasst werden.

5. Grundlagen und Herstellmethoden für Ligandenmuster auf Oberflächen

Liganden lassen sich mit verschiedenen Methoden auf Oberflächen immobilisieren. Dabei lassen sich definierte Muster in unterschiedlichen Formen und Ligandendichten auf der Oberfläche erzeugen. Mit Hilfe dieser Ligandenmuster versucht man, Zellverhalten zu kontrollieren und molekulare Prozesse zu verstehen. So können beispielsweise funktionale Materialien (mit immobilisierten Ligandenmustern an den Oberflächen) das Zellwachstum gezielt steuern. Wenn es zum Beispiel gelingt, die Proteinformationen und Proteindichtegradienten, wie sie auf Zellen, Organen oder innerhalb von Gewebe vorkommen, künstlich nachzustellen, dann lassen sich zellbeeinflussende Parameter wie Adhäsion, Migration oder Differenzierung ex vivo, also im Labor, untersuchen. Das Labor erlaubt im Gegensatz zu Untersuchungen in vivo (innerhalb des lebenden Organismus) kontrollierte Rahmenbedingungen, die schneller zu reproduzierbaren Ergebnissen und damit Erkenntnissen führen können. Weiterhin lassen sich ex vivo auch Hochdurchsatzuntersuchungen durchführen. Das ist nötig, weil einzelne Zellen verschieden auf denselben Versuchsaufbau reagieren können. Weil also viele Experimente durchgeführt werden müssen, um allgemeingültige Erkenntnisse zu erlangen, wäre paralleles Arbeiten auf möglichst großen Substraten zeitsparend.

Es besteht also der Bedarf, schnell, kostengünstig und auf möglichst großer Fläche Liganden örtlich definiert auf Oberflächen zu immobilisieren, um diese für Versuche einsetzen zu können. Große Fläche bedeutet in Relation zu den Liganden und Messapparaturen einige mm^2 bis cm^2. Ein weiterer Gesichtspunkt ist die Auflösung des Ligandenmusters, also welche Größenordnung die kleinstmöglichen Bildpunkte (Pixel) haben. Hier gilt zunächst: Je kleiner, desto besser. Da Auflösung jedoch meistens mit den lateralen Abmessungen gekoppelt ist, muss hier oft ein Kompromiss gefunden werden. Entsprechend der Größe der zu untersuchenden Zellen ($\approx 10\ \mu$m) sind Auflösungen im einstelligen Mikrometerbereich anzustreben. Die wichtigsten Methoden zur Herstellung von Ligandenmustern werden im Folgenden erläutert.

Die naheliegendste Methode ist das tröpfchenweise Applizieren von Liganden in Lösung. Um möglichst feine Strukturen zu erhalten, wurden Kapillaren von 100 nm Durchmesser verwendet und so Strukturen um 5 μm erreicht (Bruckbauer 2003). Hundertmal kleinere Strukturen wurden mit Hilfe eines umgerüsteten Rasterkraftmikroskops (engl. Atomic Force Microscope, AFM) erzeugt, indem mit dessen Spitze Tröpfchen aus einem Reservoir auf der technischen Oberfläche platziert wurden (sogenannte Dip Pen Nanolithography, DPN) (Piner 1999). Die kleinsten bisher erzeugten Ligandenmuster messen 2×4 nm und wurden erzeugt, indem mit einer AFM-Nadel eine dünne Goldschicht eingeritzt und die Kratzer anschließend mit Proteinlösung gefüllt wurden (Liu 2002). All diese Verfahren arbeiten seriell, es wird Bildpunkt für Bildpunkt des späteren Musters nacheinander erzeugt. Folglich steigt die Herstellungszeit mit der Größe der zu bearbeitenden Fläche an.

Die am weitesten verbreitete parallel arbeitende Strukturierungsmethode ist das Aufstempeln von Liganden (engl. Micro Contact Printing, μCP). Hierzu wird ein Elastomerstempel, üblicherweise aus PDMS, hergestellt und mit Proteinlösung benetzt. Diese lässt sich innerhalb kürzester Zeit auf eine Oberfläche transferieren (Kane 1999). Mittels μCP wurden Bildpunkte im Submikrometerbereich erzeugt (Coyer 2007). Vorteilhaft ist, dass die Stempel mehrfach verwendet werden können, nachteilig ist die indirekte Fertigung: Zunächst muss, beispielsweise via maskenloser Projektionslithographie, eine Abformlehre erzeugt werden, von der wiederum ein Elastomerabguss erstellt wird. Eine Änderung der zu erzeugenden Ligandenstruktur ist daher immer mit der Anfertigung einer neuen Abformlehre verbunden. Diese Technik wurde auch im Rahmen dieser Arbeit angewandt, siehe Kapitel 7.3.3.

Mit allen bisher genannten Methoden lassen sich jedoch meist nur reine Binärmuster erzeugen, Graustufen müssen, beispielsweise durch Variation des Abstandes binärer Punktmuster, approximiert werden. Diese können, im Falle einfacher Gradienten, auch in Form eines Diffusionsmusters über mikrofluidische Kanalnetzwerke erstellt werden. Dank der laminaren Charakteristik des mikrofluidischen Flusses und der langsam wirkenden Diffusion innerhalb von Mikrokanälen lassen sich so auch Proteindichtegradienten, also Graustufenmuster auf dem Substrat immobilisieren (Delamarche 1997). Allerdings ist hierbei die Gestaltungsfreiheit beschränkt auf einfache Gradientenmuster.

Die Tröpfchenapplikation und DPN ermöglichen das direkte Übertragen eines digitalen Musters auf ein Substrat, dauern aber aufgrund der seriellen Arbeitsweise mit zunehmender Auflösung und Fläche länger. Die parallelen Methoden µCP und µFN müssen mit Umweg über eine Intermediärstruktur erzeugt werden, was wiederum Zeit und Geld kostet. Wenn biologische Fragestellungen bezüglich einer großen Bandbreite unterschiedlicher Proteinmuster geklärt werden sollen, so sollte die Übertragung elektronischer Bilddaten in eine entsprechende Ligandenanordnung auf dem Substrat möglichst schnell ausgeführt werden.

Wie schon bei den Herstellungsmethoden für Mikrofluidikstrukturen haben sich innerhalb der letzten Zeit lithographische Verfahren für die Herstellung von Proteinmustern als geeignet erwiesen. Die meisten Fotolacke sind UV-aushärtend. Weil ultraviolettes Licht zelltoxisch ist, mussten neue fotochemische Verfahren entwickelt werden, bei denen die Proteine nicht geschädigt werden (He 2004). Hierbei werden die Moleküle unter Bestrahlung von Licht im sichtbaren Wellenlängenbereich an die Oberfläche gebunden. Die mit fotoreaktiven Zusatzstoffen verbundenen Proteine werden zunächst gleichmäßig auf dem Substrat verteilt. Durch Bestrahlung werden funktionale Gruppen aktiviert und Moleküle an die Oberfläche gebunden. Die wichtigsten Verfahren zur Herstellung von Ligandenmustern sind in Tabelle 1 zusammengestellt.

Technik	a	b	Auflösung	Herstellzeit	c	Referenz
Mechanische Übertragung						
Tröpfchenweise	D	B	800 nm	10 s/Spot	S	(Bruckbauer 2003)
Dip Pen Nanolitho-graphy (DPN)	D	B	55 nm	0.5 s/Spot	S	(Lim 2003)
			~1 µm	Keine Angabe	P	(Ivanisevic 2010)
Mikrofluidische Kanalnetzwerke (µFN)	R	G	~1 µm	1 h/Muster	P	(Delamarche 1997)
Aufstempeln (µCP)	R	B	150 nm	10 min/Stempel	P	(Pla-Roca 2007)
		G	2 µm	2 min/Stempel	P	(Whitesides 2004)
Fotolithographisch						
Mit Fotolack	R	B	1-2 µm	8-10s	P	(Padeste 2002)
Fotoentschützt	R	B	~13µm	10min/ Muster	P	(Smith 2009)
	D	B	180 nm	1µm/s	S	(Leggett 2011)
	D	G	900 nm	2-402s/Feld	S	(Álvarez 2008)
Fotoaktiviert	R	B	0.7 µm	1 s	P	(Clemence 1995; Petersen 2010)
	D	G	70 µm	37-592s/Feld	S	(Nakanishi 2010)
Fotoaktivierte Ligandenadsorption mittels Lithographie						
Statische Maske	R	B	7 µm	30 min/ Muster	P	(Holden 2004)
Laser (LAPAP)	D	G	1 µm	5-50 µm/min	S	(Bélisle 2008)
Transluzenter Bildschirm	R	G	1.5 µm	30 min/Muster	P	(Bélisle 2009)
DMD	R	G	2.5µm	10 s/ Muster	P	Kapitel 7.2

Tabelle 1 Herstellungsmethoden für Ligandenmuster auf Oberflächen.
a) Verfahren: D = direkt, R = replikativ
b) Musterart: B = Binärmuster, G = Graustufenmuster
c) Erstellung: S = seriell, P = parallel

5.1 Ligandenadsorption mittels Fotobleichen

Eine sehr flexible und schnelle Methode zur Herstellung von Ligandenmustern wurde 2003 von Holden und Cremer erstmals als sogenanntes „Protein Adsorption by Photobleaching" (PAP, also die Adsorption von Proteinen auf Oberflächen durch Fotobleichen) vorgestellt. Hierbei werden Liganden mit fluoreszierenden Farbstoffen verbunden und auf einem mit Rinderserum Albumin (bovine serum albumin, BSA) beschichteten Substrat inkubiert. Durch Überbelichten des Farbstoffs mit Licht in dessen Absorptionswellenlänge bleicht das Fluorophor, wodurch ein kurzlebiges Fotoradikal entsteht. Dieses kann verwendet werden, um den Liganden an die BSA-Schicht zu koppeln. Es ergibt sich somit ein Prozess, der ähnlich einer Lithographie ein Muster auf einer Oberfläche erzeugt, allerdings im sichtbaren Licht und in wässrigen Lösungen ausgeführt werden kann (Holden 2003).

Die große Anzahl verfügbarer Farbstoffe ermöglicht die Auswahl von Wellenlängen, die unschädlich für die jeweiligen Proteine sind. Zunächst wurden mit dieser Technik binäre Ligandenmuster erzeugt (Holden 2004). Die Anzahl der sich bindenden Liganden ist abhängig von der Bestrahlungsdauer und -intensität (Blawas 1998). Diese Eigenschaft bedeutet einen wichtigen Unterschied gegenüber der Lithographie mit klassischen Fotolacken: Werden keine statischen Masken verwendet, sondern Verfahren, bei denen das Licht auch in der Intensität beziehungsweise Belichtungsdauer individuell für jeden Bildpunkt eingestellt werden kann, so können statt Binärstrukturen auch Graustufenbilder erzeugt werden. Die Anlagerungsdichte von Proteinen auf Oberflächen lässt sich so in definierten Gradienten einstellen. Bélisle et al. zeigten mittels eines Laserschreibprozesses, bei dem die Laserintensität moduliert werden konnte, die ersten Graustufenmuster im PAP-Verfahren (Bélisle 2008). Um die Herstellung zu beschleunigen, ersetzten sie später das serielle Schreibverfahren mittels Laser durch ein Lithographiesystem auf Basis eines transluzenten Bildschirms (Bélisle

2009) (siehe auch Kapitel 3.3.2). Mit dieser Technik konnten Liganden-muster mit lateralen Abmaßen von mehreren hundert Mikrometern bei einer Auflösung im einstelligen Mikrometerbereich innerhalb weniger Minuten hergestellt werden.

Das PAP-Verfahren wie von Bélisle et al. gezeigt erlaubt also die direkte Herstellung von Graustufenmustern gemäß einer digitalen Vorlage bei geeigneter Auflösung, allerdings wäre eine größere bemusterte Fläche vorteilhaft. Dazu sollte auch die Prozessgeschwindigkeit deutlich höher sein.

6. Konstruktion

Im Rahmen dieser Arbeit wurde eine Lithographieanlage entwickelt, konstruiert und aufgebaut. Kommerziell verfügbare optische Baukomponenten wurden entsprechend der Anforderung ausgewählt, alle anderen Bauteile wurden exakt für diese Anwendung unter Zuhilfenahme von 3D-CAD konstruiert. Gemäß den vom Computermodell abgeleiteten Zeichnungen wurden in der Werkstatt des Instituts die Teile aus Aluminium und Edelstahl gefertigt.

Die Lithographieanlage lässt sich gemäß ihren Funktionen in einzelne Baugruppen unterteilen. Herzstück des Systems ist ein DMD, der mit Licht aus einer Quecksilberdampflampe bestrahlt wird. Bevor das Licht auf die Mikrospiegel trifft, wird der Strahl auf den nötigen Querschnitt aufgeweitet, kollimiert und homogenisiert. Das vom DMD reflektierte Bild wird mittels einer adaptierten Mikroskopoptik verkleinert auf ein Substrat projiziert, welches in einer austauschbaren Haltevorrichtung gelagert ist.

Um die strukturierbare Fläche vergrößern zu können, ist der optische Aufbau in x- und y-Richtung beweglich gelagert. Teile des Systems sind auf einem Antivibrationstisch aufgebaut, um Belichtungsfehler durch Verwackeln zu verhindern.

Im folgenden Kapitel wird die Lithographieanlage mit ihren einzelnen Baugruppen erläutert.

6.1 Optischer Aufbau

In diesem Abschnitt wird der bildgebende Teil der Konstruktion erläutert.

6.1.1 Lichtquelle

Als Lichtquelle wurde eine Quecksilberhöchstdruckdampflampe vom Typ Superlite 400 der Firma Lumatec ausgewählt. Diese stellte im Vergleich zu anderen Lampen die höchste Leistung über ein Spektrum von 280-700 nm Wellenlänge zur Verfügung. Filterscheiben verhindern, dass Infrarotanteile des Quecksilberspektrums aus der Lampe austreten können. Die Superlite 400 enthält vor dem Lichtleiteranschlussstutzen ein Filterrad. In diesem werden zehn verschiedene Filter vorgehalten, die durch Drehung eines Stellrades manuell ausgewählt werden, siehe hierzu Abbildung 7. Dadurch lässt sich die Wellenlänge des Lichts den Anforderungen des zu belichtenden Stoffes (zum Beispiel eines Fotolacks) anpassen.

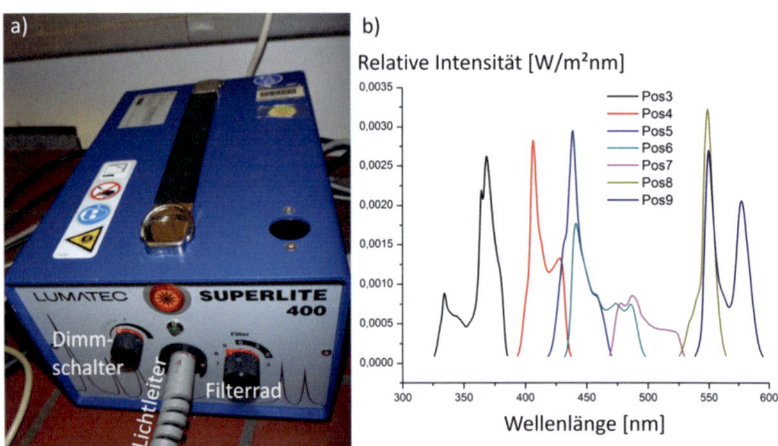

Abbildung 7   Lichtquelle Superlite 400 der Firma Lumatec (a) mit eingestecktem Lichtleiter. Der Dimmschalter dient zur Einstellung der Lichtintensität. Mit dem Filterrad kann zwischen verschiedenen Filtern ausgewählt werden. Die Wellenlänge und Intensität, die je nach Filter zur Verfügung steht, ist in b) gezeigt (Lumatec 2009).

Ein Dimmschalter lässt die Regulierung der in den Lichtleiter eingekoppelten Leistung zu. Da sich aber keine reproduzierbaren Einstellungen damit vornehmen lassen, wird dieser lediglich für Einstellungszwecke (wenn also nur geringe Lichtleistung gewünscht ist) genutzt.

Da die Kühlung der Lampe durch Ventilatoren erfolgt, entstehen beim Betreiben der Lampe Schwingungen. Diese dürfen sich nicht auf das zu belichtende Substrat übertragen, weil sonst das Bild verwackeln würde. Die Baugruppe des Systems, auf welchem sich die Projektionsoptik befindet, ist deshalb auf einem Antivibrationstisch gelagert (siehe Kapitel 6.3). Außerdem wird die Optik bewegt, um mehrere Bilder sequentiell nebeneinander projizieren zu können. Um die Lampe mit der Optik zu verbinden und dabei sowohl die Übertragung von Vibrationen zu minimieren als auch unterschiedliche Abstände von Optik zu Lampe zu ermöglichen, wird ein flexibler Lichtleiter verwendet. Je größer der Durchmesser eines solchen ist, desto mehr Lichtleistung kann auch aus der Lampe ans Ende des Lichtleiters übertragen werden. Da Dickkernfasern zwar mit einigen tausend µm Durchmesser erhältlich sind, aber mit zunehmendem Durchmesser steifer und bruchanfälliger werden, kam deren Anwendung nicht in Frage. Faserbündel sind zwar sehr flexibel, allerdings bilden die einzelnen Filamente ein Punktemuster ab, wodurch diese Lichtleiter ungeeignet für homogene Ausleuchtung eines DMD sind. Verwendet wird deshalb ein Flüssiglichtleiter Typ Series 300 der Firma Lumatec. Licht tritt aus Lichtleitern nicht kollimiert aus, der Strahl weitet sich vielmehr nach Verlassen des Lichtleiters auf. Je größer der Durchmesser des Lichtleiters ist, desto größer wird auch der Strahlaufweitungswinkel. Da der DMD möglichst kollimiert bestrahlt werden muss, damit das reflektierte Bild möglichst verzerrungsfrei ist, ist also ein möglichst kleiner Strahlaufweitungswinkel erforderlich. Außerdem wird bei großen Strahlaufweitungswinkeln der Radius des Lichtstrahls deutlich größer als die zu belichtende DMD-Fläche, weil geometriebedingt ein gewisser Abstand vom Lichtaustrittsende des Lichtleiters und dem DMD erforderlich ist. Licht, das den DMD nicht trifft, kann folglich nicht für den Prozess verwendet werden. Zu große Strahlaufweitungswinkel führen also an dieser Stelle zu Leistungsverlust. Es wurden Lichtleiter mit 3, 5, und 8 mm Durchmesser getestet. Hierzu wurde die Lichtleistung in der Belichtungsebene gemessen (siehe Kapitel 6.6). Den besten Kompromiss aus möglichst viel Lichttransmission und möglichst kleinem Strahlaufweitungswinkel stellte der 3 mm Lichtleiter dar.

6.1.2 Beweglichkeit

Der optische Aufbau ist, wie bereits gesagt, beweglich auf einer Grundplatte befestigt. Um einzelne Projektionen nebeneinander anordnen zu können, muss das Bild in x- und y-Richtung verschoben werden können. Die meisten ähnlichen Aufbauten, egal ob in kommerziell erhältlichen Maschinen oder in Laboraufbauten, bewegen zu diesem Zweck das Substrat relativ zum optischen Aufbau. Verhältnismäßig einfach lässt sich dies mit sogenannten Mask Alignern erreichen, welche mit ausgereifter Technik auf dem Markt erhältlich sind. Für die im Rahmen dieser Arbeit zu erstellende Lithographieanlage war jedoch maximal mögliche Flexibilität hinsichtlich verwendbarer Substrate und Materialien gefordert. Dies schließt flüssige Fotolacke oder biologische Proben ein. Wird eine flüssige Probe bewegt, so können Wellen entstehen und diffusive Mischprozesse beschleunigt werden. Um dies zu verhindern, muss die Probe fixiert bleiben und stattdessen der optische Aufbau bewegt werden. Zu diesem Zweck wurden zwei Linearversteller vom Typ M404.6/8 der Firma Physik Instrumente verwendet. Exaktes Positionieren der Projektionen auf dem Substrat wird durch die hohe unidirektionale Wiederholbarkeit von 500 nm gewährleistet. Der Linearversteller mit 20 cm Verfahrweg ist auf der Grundplatte befestigt. Auf dessen Schlitten ist, rechtwinklig versetzt, der zweite Linearversteller mit 15 cm Verfahrweg angebracht (Abbildung 8). Dabei wurde konstruktiv sichergestellt, dass der zwischen beiden Verfahrwegen aufgespannte Winkel exakt 90° beträgt. Abweichungen vom rechten Winkel ließen beim Stitching (siehe Kapitel 3.3.2 und 6.5) einen Versatz entstehen.

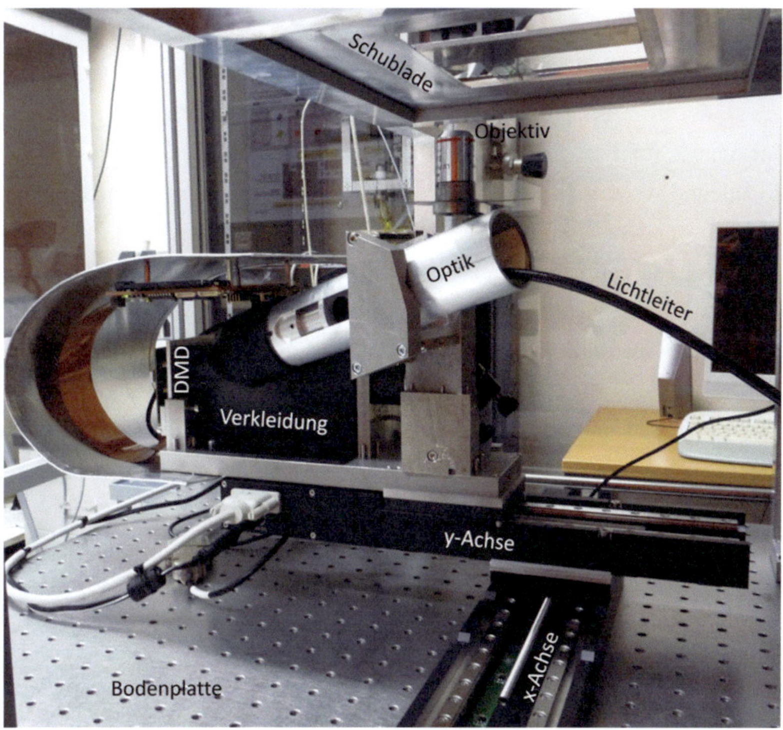

Abbildung 8 Optischer Aufbau montiert auf x/y-Achse. Die beiden Linearversteller sind exakt rechtwinklig zueinander miteinander verschraubt und auf der Bodenplatte befestigt. Von der Quecksilberlampe (nicht im Bild) führt der Lichtleiter in die Homogenisierungs- und Kollimationsoptik. Das Licht trifft danach auf den in einer schwarzen Verkleidung befindlichen DMD, der das Bild durch eine Projektionsoptik spiegelt. Von der Projektionsoptik ist nur das Objektiv sichtbar, Tubuslinse und Umlenkspiegel sind in Abbildung 10 zu sehen. Oberhalb des Objektivs befindet sich die Arbeitsebene mit eingeschobener Schublade.

6.1.3 Homogenisierung und Kollimation

Der folgende optische Aufbau ist auf dem Schlitten des zweiten Linearverstellers angebracht, siehe Abbildung 8. Das aus dem Lichtleiter austretende

Licht ermöglicht keine flächig homogene Ausleuchtung. Das liegt daran, dass die Lichterzeugung in Lichtbogenlampen zwischen zwei Elektroden stattfindet und dort an der Anode einen besonders hellen Lichtpunkt erzeugt, der trotz verspiegeltem Inneren des Lampengehäuses den restlichen Lichtanteil im Bild überstrahlt. Diese Unregelmäßigkeit wird durch den Lichtleiter weitergegeben, siehe Abbildung 9a. Ist diese Inhomogenität nicht besonders groß, so lässt sie sich für die klassische (Binär-)Lithographie vernachlässigen. Inhomogene Beleuchtung des DMD führte jedoch bei der Anwendung für Graustufenlithographie dazu, dass das projizierte Bild nicht dieselbe Helligkeitsverteilung besitzt wie die digitale Maske, das Substrat also nicht wie gewünscht belichtet werden kann. Deshalb muss das Licht homogenisiert werden. In diversen kommerziell erhältlichen Lithographiesystemen wird zur Homogenisierung eine sogenannte Graumaske vor dem Substrat installiert. Diese ist genau an die unterschiedlichen Helligkeiten der Projektion angepasst und lässt in zu hellen Bereichen weniger Strahlung auf das Substrat gelangen, wodurch im Mittel wieder eine flächig homogene Belichtung erzeugt wird. Bei Verwendung einer dynamischen Maske wie DMD oder Flüssigkristallschirmen lässt sich diese Graumaske auch digital erzeugen, indem die Graustufenfähigkeit dieses Maskentyps ausgenutzt wird. In diesem Fall verliert man allerdings an Farbtiefe, weil von der Anzahl verfügbarer Graustufen diejenigen abgezogen werden, die für den Ausgleich der Helligkeitsunterschiede verwendet werden. Weiterhin verringert jede Graumaske den Wirkungsgrad des Systems, weil die Lichtausbeute in der Arbeitsebene sinkt. Da bei der im Rahmen dieser Arbeit konstruierten Lithographieanlage der optische Aufbau bewegt wird, ergibt sich ein zusätzliches Problem: Durch die Bewegung wird der Lichtleiter auf unvorhersehbare und unkontrollierbare Weise verbogen. Weil durch unterschiedliche Biegeradien das Licht unterschiedlich im Flüssigkern totalreflektiert wird, ergibt sich für jede mögliche Verbiegung eine unterschiedliche Helligkeitsverteilung im austretenden Lichtstrahl. Dies ist nicht mit Graumasken zu korrigieren. Aus diesem Grund wurden Diffusoren vor der Lichtaustrittsöffnung des Lichtleiters angebracht.

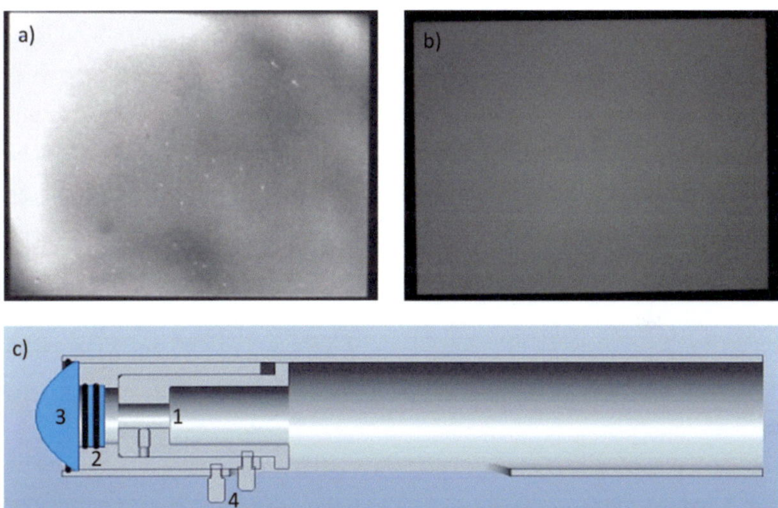

Abbildung 9 **Ausleuchtung des DMD und Aufbau der Homogenisierungs- und Kollimationsoptik. In a) ist die inhomogene Ausleuchtung des DMD ohne Verwendung einer der Diffusoren gezeigt, in b) sieht man das Ergebnis der erfolgreichen Homogenisierung. Die Bilder wurden mit einer Mikroskopkamera aufgenommen, wie Kapitel 6.2.1 beschrieben. c) zeigt einen Schnitt durch das CAD-Modell der Optik: Die innerste Hülse hat eine Passung (1) in die der Lichtleiter geschoben und durch eine Madenschraube fixiert werden kann. Dem Lichtleiterausgang vorgelagert sind die Diffusoren (2) in der mittleren Hülse. Im Außenrohr ist die Kollimationslinse (3) befestigt. Die Hülsen können unabhängig voneinander relativ zum Außenrohr verschoben werden, so dass sich die Abstände zwischen den optischen Komponenten optimal einstellen lassen. Wenn die beste Einstellung gefunden ist, lässt sich diese durch entsprechende Schrauben (4) fixieren.**

Ein sogenannter „Engineered Diffuser" vom Typ ED1-C20 der Firma Thorlabs sorgt zunächst dafür, dass Licht aus der Mitte des Strahls zu den Strahlrändern abgelenkt wird, so dass die Energiekonzentration in Strahlmitte abgeschwächt wird. Ein Diffusor vom Typ DG10-600 derselben Firma sorgt für eine statistische Streuung des Lichts. Abbildung 9b zeigt die auf diese Weise homogenisierte Strahlungsverteilung. Zwar sorgen die Diffusoren für Leistungsverlust, dieser entstünde aber, wie oben erwähnt, bei anderen Homogenisierungsmethoden ebenfalls. Da auch der Strahlaufweitungswinkel durch die Verwendung von Diffusoren vergrößert wird, muss eine entsprechend große Linse für die Kollimation des Lichtstrahls zwischen Diffusoren und DMD eingesetzt werden. Eine asphärische Sammellinse vom Typ ACL2520-A der Firma Thorlabs erfüllt diesen Zweck. Den Aufbau der Homogenisierungs- und Kollimationsoptik zeigt Abbildung 9c. Lichtleiterende, Diffusoren und Kollimationslinse sind durch ein Aluminiumrohr gekapselt, damit weder Umgebungslicht in den Strahlengang eingekoppelt werden kann, noch Licht des Strahls nach außen dringen kann. Um UV-Lithographie zu ermöglichen, wurden nur optische Bauteile aus Quarzglas verwendet.

6.1.4 Digital Mirror Device

Das derart homogenisierte, kollimierte Licht trifft nun auf den DMD vom Typ DLP Discovery 4100 der Firma Vialux. Er verfügt über 1024×768 Spiegel, die jeweils eine Kantenlänge von 13,68 µm aufweisen. Für eine unverzerrte Projektion ist der Winkel, in dem der DMD bestrahlt wird, relevant. Die quadratischen Spiegel des DMD sind über ihre Diagonale beweglich aufgehängt, in diesem Fall wird um 12° in An- beziehungsweise Auszustand gekippt. Die Diagonale hat sinngemäß einen 45°-Winkel zu den Kanten des DMD. Das einfallende Licht muss folglich in einem Winkel von 24° relativ zu diesem 45°-Winkel der Einzelspiegel auftreffen, damit das Licht bei Anzustand eines Spiegels rechtwinklig zum DMD weitergeleitet wird (Einfallswinkel gleich Ausfallswinkel). Dies wird konstruktiv durch eine entsprechend positionierte und ausgerichtete Halterung der Kollimations- und Homogenisierungsoptik sichergestellt.

Umgeben ist der DMD von einer Verkleidung aus mattschwarz lackiertem Kunststoff. Während das Negativbild im Inneren dieser Verkleidung auf eine nicht reflektierende Seitenwand trifft, wird das Bild senkrecht zum DMD in die Projektionsoptik geleitet. So wird sichergestellt, dass ungenutztes Licht nicht über Teile der Anlage reflektiert wird und auf dem Substrat ungewollte Belichtung verursacht.

6.1.5 Projektion

Die Projektionsoptik entspricht vom Aufbau her einer Mikroskopoptik, bestehend aus Tubuslinse (Typ MT-L von Mitutoyo) und Objektiv (Abbildung 10). Geometrisch bedingt muss das Aluminiumrohr, in dem die Homogenisierungs- und Kollimationsoptik sitzt, einen Mindestabstand vom DMD haben, weil es sonst in den Strahlengang des Bildes gerät. Ebenso muss die Projektionsoptik einen Mindestabstand haben, um nicht in den einfallenden Strahl zu geraten (darf also nicht zwischen Aluminiumrohr und DMD liegen). Da die Verwendbarkeit flüssiger Fotolacke gefordert ist, muss die Arbeitsebene waagerecht stehen. Um das Bild vertikal zu projizieren, müsste der optische Aufbau also senkrecht auf dem Schlitten der x/y-Achsen stehen, worunter jedoch, aufgrund des ungünstig weit oben liegenden Schwerpunktes, die Dynamik beim Verfahren litte. Um dies zu vermeiden, ist der optische Aufbau liegend auf dem Schlitten montiert, und lediglich das Objektiv der Projektionsoptik ist senkrecht angebracht. Um dies zu ermöglichen, wird der Strahlengang zwischen Tubuslinse und Objektiv mittels eines Spiegels vom Typ BB1-E02 der Firma Thorlabs umgelenkt, siehe Abbildung 10. Der Spiegel ist beschichtet, um Licht der Wellenlängen 400-700 nm bestmöglich zu reflektieren. Obwohl die Beschichtung des Spiegels nicht optimiert ist für ultraviolettes Licht, konnten bei Verwendung dieses Spiegels bei 365 nm Wellenlänge höhere Leistungen in der Arbeitsebene gemessen werden als mit einem speziell für UV-Anwendungen beschichteten Spiegel.

Abbildung 10   Aufbau der Projektionsoptik mit Tubuslinse und Mikroskopobjektiv. Über den Umlenkspiegel wird das Bild um 90° nach oben gespiegelt, so dass sich für den gesamten optischen Aufbau ein günstiger Schwerpunkt ergibt.

Als Objektive kamen ein fünffach und ein zwanzigfach verkleinerndes Objektiv der Typen MUE10050 LU Plan Fluor EPI 5X und CFI S Plan Fluor ELWD 20X von Nikon zum Einsatz. Mit ersterem werden Pixel auf 2,5 µm Kantenlänge und mit letzterem auf 0,69 µm Kantenlänge verkleinert. Dadurch ergeben sich Einzelbildabmaße von 2567×1925 µm² beziehungsweise 766×537 µm² (Abmaße inklusive der Zwischenräume zwischen den Pixeln).

Sind größere Flächen zu belichten, so müssen mehrere Einzelbilder nebeneinander belichtet werden und so ein großes Bild aus kleineren zusammengesetzt, „gestitcht", werden. Dazu wird nach Belichtung eines Einzelbildes die Bestrahlung des DMD unterbrochen und die Position des optischen Aufbaus exakt um die Abmaße des projizierten Bildes in x- respektive y-Richtung verschoben. Anschließend wird das zweite Einzelbild projiziert und der Lack belichtet. Dieses Vorgehen wird so lange wiederholt, bis die gewünschte Fläche strukturiert wurde. Obwohl dies zunächst trivial klingt, ist dieses Vorgehen nur dann möglich, wenn der DMD äußerst gleichmäßig belichtet wird und die Positionierung des optischen Aufbaus präzise genug ist.

Um auf verschiedene Ebenen und mit verschiedenen Wellenlängen scharf projizieren zu können, ist die Objektivhalterung mittels eines Linearaktors höhenverstellbar angebracht. Der Linearaktor vom Typ M-235.5DG der Firma PI kann auf 100 nm wiederholbar genau positioniert werden. Dies ist erforderlich, weil gerade bei stark verkleinernden Objektiven die Projektion schon bei wenigen Mikrometern Abweichung nicht mehr im Fokus ist. Prinzipiell kann in diesem Aufbau jedes Objektiv mit 25 mm Feingewinde verwendet werden, anderenfalls können Gewindeadapter zum Einsatz kommen. Weil sich bei verschiedenen Foki auch der Abstand zwischen Objektiv und Tubuslinse verändert, ist es allerdings notwendig, sogenannte unendlich korrigierte Objektive zu verwenden, die keinen definierten Abstand zur Tubuslinse erfordern. Eine weitere Anforderung an die Objektive betrifft deren Numerische Apertur (NA): Das Abbe'sche Gesetz besagt, dass der kleinste abbildbare Pixel eine Kantenlänge L von $L = 0,61 \times \lambda / NA$ hat, man also nur dann kleinere Pixel projizieren kann, wenn die NA entsprechend groß ist.

6.1.6 Belichtung bei 365 nm Wellenlänge

Die in der Lichtquelle vorgehaltenen Filter erlauben es, den in den Lichtleiter eingekoppelten Wellenlängenbereich auszuwählen (siehe Abbildung 7). Die Stellung 3 des Filterrades begrenzt den Wellenlängenbereich auf 320 - 400 nm. Versuche unter Verwendung dieses Filters zeigten allerdings unscharfe Konturen im Fotolack SU-8 (Strukturierungsparameter werden in Kapitel 7.1.1 erklärt), kleine Strukturen blieben nicht auf dem Substrat haften, siehe Abbildung 11a. Scharfe Kanten und gute Substrathaftung können in SU-8 nur bei Belichtung mit einer sehr definierten sogenannten i-Line von 365 nm Wellenlänge erreicht werden. Deshalb wurde ein zusätzlicher Filter vom Typ Z365/20x der Firma LOT-Oriel eingesetzt. Dieser begrenzt das Spektrum auf 365 ± 8 nm. Bei Belichtung von SU-8 wird dieser Zusatzfilter einfach auf das Objektiv gelegt, was scharfe Konturen ermöglicht, siehe Abbildung 11c.

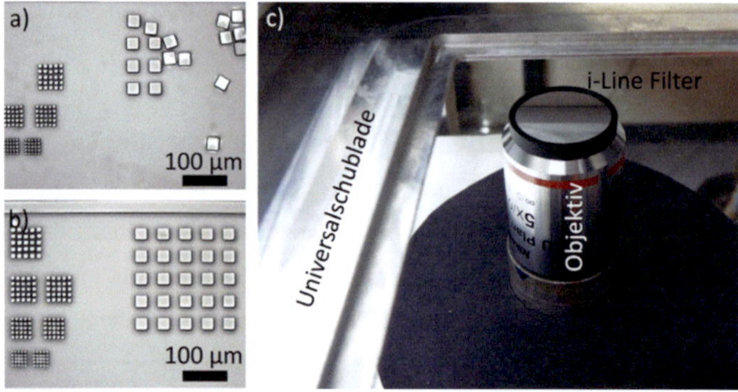

Abbildung 11 Substrathaftung von SU-8 bei Verwendung des i-Line Filters. a) Beim Spülen weggeschwemmte Strukturen nach Belichtung ohne i-Line Filter. Gute Substrathaftung (b) wird durch Auflegen eines geeigneten Filters auf die Projektionsoptik (c) erreicht.

6.2 Arbeitsebene

Das Bild des DMD wird durch das Objektiv fokussiert. Durch die Beweglichkeit des optischen Aufbaus in x/y-Richtung wird eine virtuelle

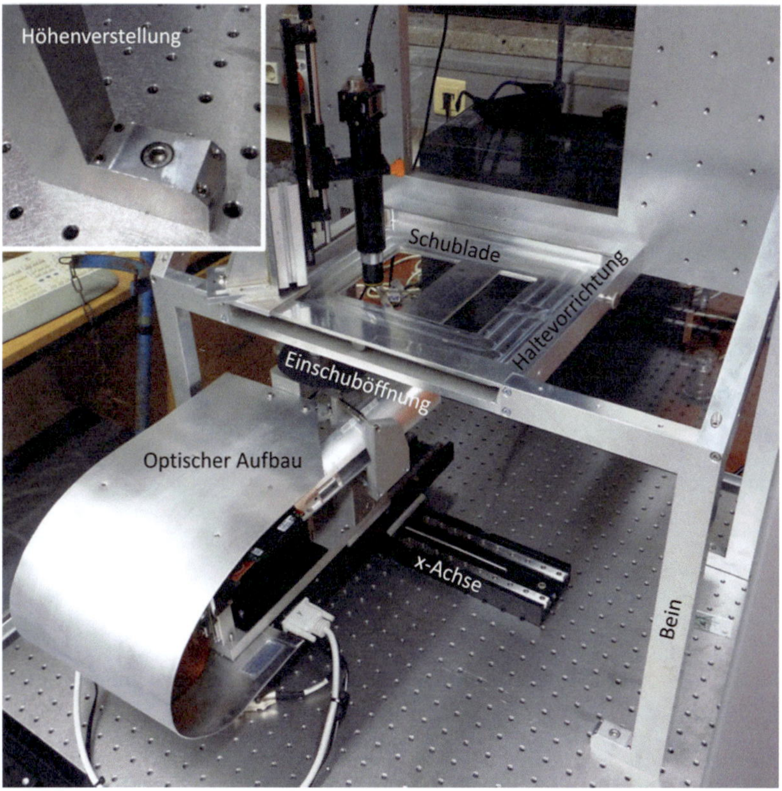

Abbildung 12 Die Haltevorrichtung über dem optischen Aufbau steht auf vier Beinen, die über Stellschrauben (siehe oben links) individuell höhenverstellt werden können. So lässt sich die Arbeitsebene parallel zur Fokusebene ausrichten. In die Einschuböffnung der Haltevorrichtung lassen sich Schubladen einführen, in denen die zu strukturierenden Substrate eingelegt sind, siehe auch Abbildung 13.

Ebene aus möglichen Positionen eines scharf projizierten Bildes aufgespannt, die sogenannte Fokusebene. Die Arbeitsebene, also die Fläche des Substrates, auf welcher belichtet werden soll, muss deckungsgleich mit der Fokusebene sein. Nur wenn dies der Fall ist, ist auch Stitching von zusammenhängenden Flächen möglich.

Abbildung 13 Schublade für die Aufnahme von 10 Deckgläsern. In der Vergrößerung oben links ist die umlaufende Stufe im Schubladenboden deutlich sichtbar. Auf diesen Stufen kommen die Substrate zu liegen, die seitlichen Anschläge positionieren die Deckgläser rechtwinklig.

Zu diesem Zweck ist oberhalb des optischen Aufbaus eine Haltevorrichtung angebracht, so dass der optische Aufbau darunter verfahren kann (siehe Abbildung 12). Die Haltevorrichtung steht auf vier höhenverstellbaren Beinen auf derselben Tischplatte wie der Linearversteller, auf dem sich der optische Aufbau bewegt. Durch die individuelle Höhenverstellbarkeit der einzelnen Standbeine ist die Haltevorrichtung exakt parallel zu den Bewegungsachsen des optischen Aufbaus einstellbar (siehe Kapitel 6.5).

In der Haltevorrichtung befindet sich ein Einschub, in welchen Schubladen eingeführt werden können. Diese Schubladen ermöglichen die einfache Anpassung an verschiedene Anforderungen. Eine Schublade ist als Universalschublade so ausgelegt, dass Substrate aller Größen zwischen 4×4 mm² bis 200×150 mm² in eine spezielle Vertiefung eingelegt werden können. Eine weitere Schublade ist für hohen Durchsatz optimiert und hat zehn Einlegefächer für Deckgläser, wie sie für das Mikroskopieren verwendet werden, siehe Abbildung 13. Für den Fall, dass völlig andere Substratformen verwendet werden sollten, muss also nicht eine neue Halterung konstruiert, gefertigt und vor allem zeitaufwendig ausgerichtet werden, sondern lediglich eine neue Schublade hergestellt werden.

6.2.1 Einstellung des Fokus

In der Arbeitsebene ist immer ein scharf projiziertes Bild erforderlich. Der Fokusabstand des Objektivs ist dabei abhängig von Substratmaterial und Substratstärke. Um variabel auf verschiedene Randbedingungen reagieren zu können, ist also eine individuelle Einstellbarkeit des Fokus Voraussetzung. An der Haltevorrichtung ist oberhalb der Arbeitsebene eine Mikroskopkamera (Typ EO 3115c der Firma Edmund Optics) mit austauschbaren Objektiven eingespannt. Das Bild der Mikroskopkamera wird an einem Bildschirm betrachtet und auf die Oberfläche eines in der Schublade befindlichen Substrates fokussiert. Es wird nun also die Arbeitsebene scharf auf dem Bildschirm angezeigt. Anschließend wird der optische Aufbau so unterhalb des Substrates positioniert, dass ein projiziertes Bild oder ein Ausschnitt davon mit der Mikroskopkamera aufgenommen und auf dem Monitor wiedergegeben wird. Das Objektiv des optischen Aufbaus wird nun durch den Linearaktor in eine Position bewegt, in welcher das projizierte Bild scharf auf dem Monitor erkennbar ist (siehe Abbildung 14).
Diese Einstellung liefert folglich für ein Substrat einer bestimmten Stärke aus einem bestimmten Material bei einer bestimmten Wellenlänge ein scharfes Bild in der Arbeitsebene. Ändert sich einer dieser Parameter, so ist der Fokusabstand des Objektivs, also die Position des Linearaktors, neu zu bestimmen.

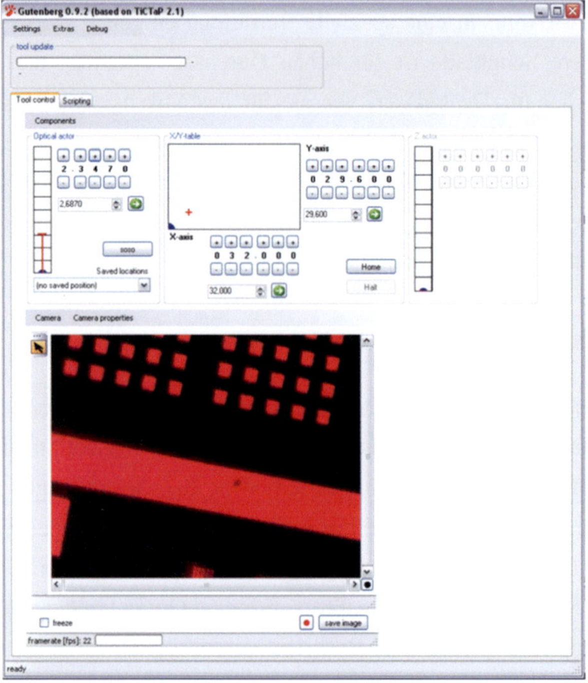

Abbildung 14 Bildschirmanzeige der Steuerungssoftware für die Aktoren des optischen Aufbaus. Oben links ist die Position des Objektivs einstellbar, mittig die Verfahrwege der x/y-Aktoren. Das Kamerabild zeigt die Projektion einer Teststruktur unter Verwendung der Filterradstellung 3 (UV). Die Quadrate bestehen aus jeweils 2 × 2 Pixeln. Die Kanten sind deutlich erkennbar, das Bild wird scharf projiziert.

6.3 Verkleidung

Sowohl der optische Aufbau auf den Linearverstellern als auch die Haltevorrichtung mit Arbeitsebene sind auf einer Lochplatte befestigt. Da Vibrationen während des Belichtungsvorganges zu Unschärfe führen können, muss diese Lochplatte von der Umgebung schwingungsentkoppelt werden. Bei Lithographieanlagen, die Submikrometerstrukturen erstellen sollen, dürfen keine Schwingungen größer als 6 µm / s entstehen (Gordon 1999).

Dies wird erreicht, indem die Lochplatte auf einem Schwingungsisolationstisch vom Typ M-VIS3030-IG-2-125A der Firma Newport gelagert wird (Abbildung 15).

Bei Mikrofluidikchips liegen die Strukturen teilweise in derselben Größenordnung wie Staub oder andere Partikel, teilweise sogar darunter. Sollte Staub oder Ähnliches während des Lithographieprozesses die Struktur verunreinigen, kann die Funktion des Chips signifikant beeinträchtigt werden. Um die Arbeitsebene vor Staub zu schützen, wurde deshalb eine Verkleidung aus Kunststoffscheiben um die Lithographieanlage errichtet (Abbildung 15). Diese lassen sich in Führungsschienen nach oben öffnen, um dadurch den Arbeitsbereich zugänglich zu machen. Als Material wurde wegen seiner geringen Transmission für ultraviolettes Licht Polymethylmethacrylat (PMMA) gewählt; so können Störungen durch Streulicht vermieden werden.

Nach oben wird der Raum um die Lithographieanlage durch ein sogenanntes Flowmodul abgeschlossen. Dieses erzeugt mittels eines Lüfterrads einen laminaren Luftstrom von oben nach unten zu Entlüftungsschlitzen zwischen Scheiben und Lochplatte. Filter sorgen dafür, dass nur partikelfreie Luft im Laminarstrom fließt. Durch den Luftstrom herrscht um die Lithographieanlage ein leichter Überdruck, der verhindert, dass Verunreinigungen in der Umgebungsluft ins Innere der Verkleidung gelangen.

Durch die Summe der Maßnahmen können Strukturen im Submikrometerbereich frei von störenden Umgebungseinflüssen hergestellt werden.

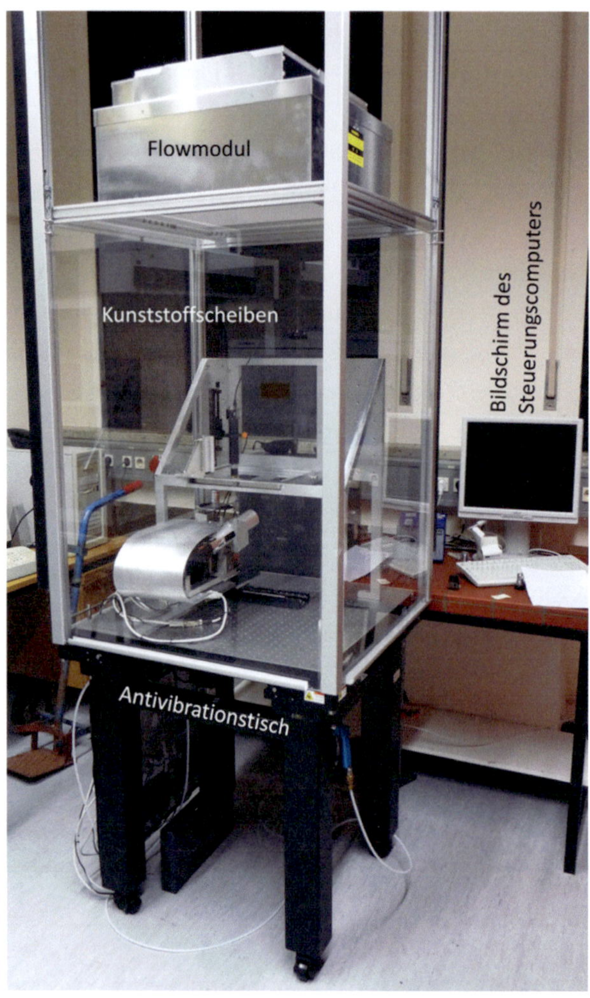

Abbildung 15 Gesamtansicht der Lithographieanlage. Optischer Aufbau und Haltevorrichtung stehen auf der schwingungsentkoppelten Platte des Antivibrationstisches. Die Kunststoffscheiben schützen den Aufbau und die Substrate vor Verunreinigungen und Streulicht. Ein Flowmodul erzeugt einen laminaren Luftstrom, der unten an den Spalten zum Antivibrationstisch entweicht. Lichtquelle und Steuerungscomputer sind hinter der Anlage auf einem Nebentisch aufgestellt.

6.4 Steuerung per Software

Für die Steuerung der Linearaktoren sowie des DMD wurde auf dafür speziell entwickelte Software zurückgegriffen. Diese wurde in Microsoft Visual C# geschrieben und besteht aus zwei unabhängigen Programmen die jeweils den DMD beziehungsweise die Aktoren steuern.

Die DMD-Steuerung stützt sich dabei auf die vom Hersteller mitgelieferte dynamische Programmbibliothek „ALP Highspeed", die den Maschinencode zur Bewegung der einzelnen Mikrospiegel enthält. Dabei werden die Bilder der Einzelprojektionen in Form von Byte-Arrays (0-255) an den DMD übertragen, und dort im on-board Speicher abgelegt. Diese Byte-Arrays werden dann mittels eines sogenannten Triggers gestartet und je nach Voreinstellung entweder einmal oder als Schleife immer hintereinander durchlaufen. Der einzelne Wert innerhalb dieses Arrays gibt für jeweils ein Pixel an, wie oft (innerhalb einer Schleife bestehend aus 256 einzelnen binären Bildern) das Pixel auf weiß (reflektierend) oder schwarz (nicht reflektierend) gesetzt wird und somit Licht in die Projektionsoptik leiten oder nicht. Somit entsteht ein Graustufenbild in Form einer klassischen Pulsfrequenz- oder Pulsweitenmodulation.

Die Steuerung der Linearaktoren basiert auf einer durch den Hersteller gelieferten dynamischen Treiberbibliothek über USB bzw. eine virtuelle serielle Schnittstelle. Für beide Steuerungsprogramme wurde im Rahmen dieser Arbeit ein User Interface mit entsprechenden Bedienelementen entwickelt.

Ein weiteres Programm wurde für die schnelle Generierung mikrofluidischer Kanalsystemen im Rahmen einer begleitenden studentischen Arbeit entwickelt. Aufbauend auf dem in ANSI C++ geschriebenen quelloffenen 3D-CAD Framework OpenCascade wurden parametrisierte Modelle gängiger mikrofluidischer Komponenten (Mischerstrukturen, Düsen, etc.) erstellt und in eine Komponentenbibliothek eingepflegt. Um das Modell einer Mikrofluidikstruktur zu erzeugen, müssen nur Werte für entsprechende

Parameter (Kanalbreiten, Radien, Abstände, etc.) vorgegeben werden. Dann können die einzelnen Komponenten per drag-and-drop positioniert und über Kanäle verbunden werden. Während dieses Prozesses entsteht das 3D-CAD Modell in Echtzeit (siehe Abbildung 16)

Die Modelle können als sogenannte STEP-Datei („Standard for the exchange of product model data", 3D-Vectorformat ISO 10303) exportiert werden, so dass Kompatibilität zu üblichen CAD Programmen sichergestellt ist.

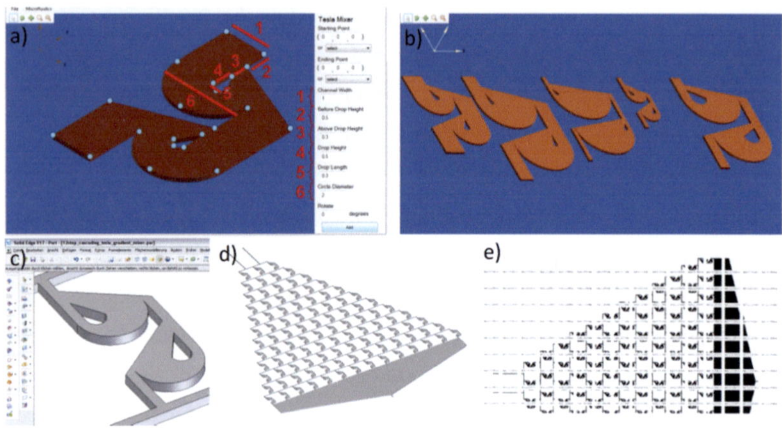

Abbildung 16 Die Software für die Erstellung digitaler Mikrofluidikstrukturen erlaubt die Erstellung üblicher mikrofluidischer Komponenten anhand parametrisierter Modelle. In a) ist das Parametermodell eines Teslamischers (siehe Kapitel 7.1) gezeigt, in b) ist dieser unter Verwendung verschiedener Werte für die Parameter zu sehen. Das Modell wird per drag-and-drop zusammengefügt und als STEP-Datei gespeichert, so dass die Anzeige auf üblichen CAD Programmen möglich ist (c & d). Mit der Software lässt sich das Computermodell anschließend in einzelne Bitmaps zerlegen (e), die vom DMD verarbeitet werden können.

Nach Fertigstellung des Modells erlaubt die Software das virtuelle Aufteilen der Struktur in einzelne Schichten, das sogenannte Slicing. Diese Schichten können entsprechend der Schichtdicke d in einem Rapid Prototyping System angepasst verarbeitet werden. Jede einzelne Schicht-Datei lässt sich dabei als Bitmap mit einer vom Benutzer frei wählbaren Auflösung ausgeben. So lässt sich das Bild einer Schicht mit der Lithographieanlage über den DMD projizieren. Die Schicht-Datei lässt sich auch auf mehrere Bitmap-Dateien aufteilen, wenn das Bild einer Schicht mit hoher Auflösung gestitcht werden soll (Abbildung 16e).

6.5 Einstellung und Ausrichtung der Projektion

Alle Teile, die für den Aufbau der Lithographieanlage benötigt wurden und nicht als fertige Komponenten kommerziell erhältlich waren, wurden gemäß technischer Zeichnungen hergestellt. Selbst bei höchstmöglicher Genauigkeit bei der Herstellung ist die Bearbeitung von Werkstoffen nur innerhalb gewisser Toleranzen möglich (Kühn 2006). Es gibt also immer eine Abweichung vom Soll-Maß. Auch wenn diese Abweichungen im niedrigen einstelligen Mikrometerbereich liegen, so addieren sich die Abweichungen aller Teile auf, so dass Winkel und Abstände innerhalb des Aufbaus nicht exakt mit den der Konstruktion zugrunde liegenden Computermodellen übereinstimmen. Deshalb wurde überall dort, wo diese Abweichungen den Lithographieprozess beeinflussen, Einstellmöglichkeiten vorgesehen, um Fertigungsungenauigkeiten ausgleichen zu können.
Die Parallelität der physikalischen Arbeitsebene mit der virtuellen Fokusebene wurde über höhenverstellbare Beine sichergestellt. Hierzu wurde oberhalb der vier Ecken der belichtbaren Ebene jeweils eine Mikroskopkamera installiert und die physikalische Arbeitsebene scharf gestellt. Anschließend wurde ein Bild projiziert, welches mit den Kameras aufgenommen und auf einem Bildschirm wiedergegeben wurde. Der individuelle Abstand der vier Ecken zur Fokusebene wurde über Justage der Beine auf denselben Wert gebracht, bis an allen vier Ecken das Bild scharf eingestellt war. Ein solcher Prozess wird Nivellierung genannt. So ist sichergestellt, dass, egal an welcher Stelle innerhalb der belichtbaren Fläche gearbeitet

wird, der Fokus immer nur von der Substratdicke abhängig ist, nicht jedoch von der Position unterhalb des Substrats. Dies ist eine notwendige Voraussetzung für Stitching.

Eine weitere Einstellung war an der Lagerung des DMD innerhalb des optischen Aufbaus der Lithographieanlage vorzunehmen. In der Arbeitsebene muss jede Spiegelreihe des DMD exakt entlang der x-Achse bewegt werden, respektive jede Spiegelspalte entlang der y-Achse. Ist dies nicht der Fall, so lassen sich mehrere Bilder nicht derart projizieren, dass die nebeneinander projizierten Bildkanten überlappungs- und spaltfrei sind sowie die Bildeckpunkte kollinear auf der x- beziehungsweise y-Koordinate liegen (siehe Abbildung 17). Da der DMD senkrecht zur Arbeitsebene steht (weil das Bild ja über einen Spiegel um 90° nach oben reflektiert wird), muss also die Unterkante des DMD exakt parallel zu den x/y-Achsen der Linearversteller stehen, um Stitching zu erlauben.

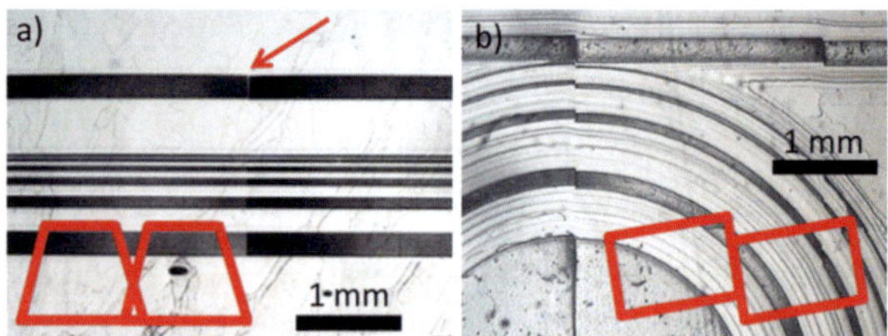

Abbildung 17 Abbildungsfehler, hervorgerufen durch Fehlstellung des DMD. Die Fehler sind jeweils auf Mikroskopaufnahmen strukturierten AZ-Lacks erkennbar, das Schema des Fehlers ist jeweils mit roten Symbolen dargestellt. a) Im Fotolack ist ein Spalt erkennbar am oberen Bildrand (siehe Pfeil), während sich am unteren Bildrand die beiden Projektionen überlappen. Die Stellung des DMD muss in der Hochachse korrigiert werden. b) Die einzelnen Bilder sind zueinander verdreht, die Unterkante des DMD ist also nicht parallel zur x/y-Ebene.

Um einen Winkelversatz zur x/y-Achse auszugleichen, kann der Rahmen des DMD in seiner Halterung über zwei Stellschrauben höhenverstellt, die Ecken des DMD also individuell stufenlos positioniert werden. Über die

Mikroskopkamera lässt sich die Position der Ecken erfassen. Einzelne Pixel sind auf dem Kamerabild sichtbar, so dass anliegende Bildpositionen angefahren werden können und die Kollinearität der äußersten Pixel zweier Projektionspositionen eingestellt werden kann.

Das Kamerabild kann jedoch nur die Einstellung erleichtern, die Verifikation, ob die Fertigungsungenauigkeiten vollständig korrigiert wurden, kann nur durch praktischen Versuch erfolgen. Dazu wurden mit AZ-Lack und SU-8 Teststrukturen hergestellt. Die genauen Parameter zur Verarbeitung dieser Fotolacke werden in Kapitel 7 beschrieben. AZ-Lack wird verwendet, weil er im Vergleich zu anderen Lacken schnell zu verarbeiten ist und deshalb schnell Ergebnisse sichtbar werden. Gerade die ersten Versuche wurden deshalb in diesem Lack ausgeführt. Noch mehr Aufschluss über korrektes Stitching liefert jedoch eine dickere Lackschicht, wie sie mit SU-8 erzeugt werden kann. Die Ergebnisse des Korrekturprozesses sind im Lack deutlich zu erkennen (siehe Abbildung 18).

Wie bereits erwähnt, müssen im Strahlengang von der Auskopplung des Lichts aus der Lichtleiter über Kollimationsoptik, DMD und Projektionsoptik gewisse Winkel eingehalten werden. So wird das Aluminiumrohr, in dem sich die Homogenisierungs- und Kollimationsoptik befindet, über eine entsprechend gestaltete Führung ausgerichtet. Auch diese unterliegt aber Fertigungstoleranzen. Um ein verzerrungsfreies Bild zu erhalten, wurden deshalb zwei Einstellmöglichkeiten für Winkelkorrektur vorgesehen: So wird der Rahmen des DMD mit einer Halteplatte gegen eine Dreipunktlagerung aus Stellschrauben gedrückt. Über diese Stellschrauben lässt sich der DMD stufenlos in alle Richtungen von der imaginären Achse des Lichtstrahls im Winkel verändern. Da erst auf dem DMD das Bild generiert wird, lässt sich auch hier eine Strahlengangverkürzung des Lichts zum Objektiv realisieren und Verzerrungen können so korrigiert werden. Ein Fehler, wie er in Abbildung 17a zu sehen ist, lässt sich somit korrigieren.

Ansonsten wird diese Verstellmöglichkeit genutzt, um Orthogonalität von DMD und Arbeitsebene sicherzustellen sowie das Bild möglichst mittig durch die Tubuslinse zu strahlen. Das ist vorteilhaft, weil bei allen Linsensystemen ein sogenannter Randlichtabfall zu beobachten ist: Die Helligkeit eines an sich homogenen Bildes vom DMD nimmt nach Durchlaufen des Objektivs von der Bildmitte her um den Faktor $\cos^4\alpha$ ab, wobei α den Winkel zwischen der Mittelachse des das Objektiv durchlaufenden Bildes und eines außerhalb dieser Mitte liegenden Bildpunktes, gemessen vom Fokuspunkt, darstellt (Reiss 1945). Je mittiger also das Bild durch das Objektiv geleitet wird, desto näher liegt die Gesamtheit der Bildpunkte an dessen Mittelachse und desto weniger Helligkeitsabfall ist am Bildrand zu verzeichnen.

Abbildung 18 Fehlerfreies Stitching ist nach Korrektur der Stellung des DMD möglich. a) Zeigt eine Teststruktur aus zwei Bildern SU-8. Im Lichtmikroskop sieht man noch deutlich den Übergang zwischen den einzeln projizierten Bildern. In der Rasterelektronenmikroskopaufnahme (b) ist allerdings zu erkennen, dass dieser Übergang keine nennenswerten physischen Dimensionen hat. c) Zeigt die Pfeilspitze der Teststruktur in Vergrößerung.

Mit dem bereits erwähnten Umlenkspiegel zwischen Tubuslinse und Objektiv wird eine geänderte Lichtführung und dadurch wiederum ein günstigerer Schwerpunkt des bewegten optischen Aufbaus erreicht. Zusätzlich erleichtert der Spiegel das Ausgleichen von Fertigungsungenauigkeiten. Zu diesem Zweck ist der Spiegel dreipunktgelagert in alle Raumrichtungen kippbar. Das Bild lässt sich so, nachdem es die Tubuslinse passiert hat, wieder im Winkel ablenken. Werden die drei Stellschrauben simultan bewegt, so lässt sich der Strahlengang ohne weitere Winkelveränderung unter dem Objektiv zentrieren.

Durch die Dreipunktlagerung von DMD und Spiegel lassen sich also zwei Anforderungen erfüllen: das möglichst mittige Passieren der optischen Komponenten sowie ein verzerrungsfrei projiziertes Bild.

6.6 Lichtleistung in der Arbeitsebene

Zum Ermitteln der Lichtleistung, die für Lithographie zur Verfügung steht, wurde ein Bolometer vom Typ PowerMax PM 10 der Firma Coherent in der Arbeitsebene aufgehängt. Anschließend wurden weiße Bilder (also alle Pixel im An-Zustand) unter Verwendung der verschiedenen zur Verfügung stehenden Filter auf die Sensorfläche des Bolometers projiziert. Die Leistung für die entsprechenden Wellenlängenbereiche sind in Tabelle 2 zu finden.

Lichtleiterdurchmesser	8 mm	5 mm	3 mm
Strahlaufweitungswinkel [°]	72	52	36
Leistung in der Arbeitsebene [mW/mm²]			
Filterradstellung 9: 570 nm	0,87	1,74	2,51
Filterradstellung 8: 550 nm	2,06	2,91	4,20
Filterradstellung 7: 490 nm	1,88	2,73	3,70
Filterradstellung 6: 460 nm	3,25	4,18	5,41
Filterradstellung 5: 440 nm	5,07	5,47	7,76
Filterradstellung 4: 415 nm	3,82	4,71	6,12
Filterradstellung 3: 320-400 nm	2,08	2,99	3,86

Tabelle 2 Gemessene Leistung in der Arbeitsebene bei Verwendung verschiedener Lichtleiter mit ihren entsprechenden Strahlaufweitungswinkeln. Zum Vergleich: mit dem gekauften Beam Expander schwankten die Werte unter Verwendung des 8 mm Lichtleiters bei 440 nm Wellenlänge zwischen 0,09 und 0,12 mW/mm².

Auch wenn die Kenntnis der Leistung in der Arbeitsebene nicht die Versuchsreihen zur Ermittlung der Belichtungszeiten verschiedener Lacke ersetzt, geben diese Zahlen Aufschluss über den ungefähren Wirkungsgrad des optischen Aufbaus. Bei Vorversuchen war auf diese Weise ein extremer Leistungsabfall nach Durchlaufen der Kollimationsoptik aufgefallen. So konnte diese (gekaufte) Komponente durch die anforderungsspezifische Eigenkonstruktion (siehe Kapitel 6.1.3) ersetzt werden, was eine Leistungssteigerung um den Faktor 40 in der Arbeitsebene ermöglichte.

7. Ergebnisse und Diskussion

Gemäß der Anforderung größtmöglicher Flexibilität an die Konstruktion wurde die Lithographieanlage eingesetzt, um sehr unterschiedliche Aufgaben zu erfüllen. Hauptaufgabe war die Produktion von Mikrofluidikchips. Dies wurde sowohl indirekt durch Abformung (Soft-Lithographie) als auch direktlithographisch ausgeführt.

Eine weitere Aufgabe war die Erzeugung von Ligandenmustern auf technischen Oberflächen. Außerdem wurden Elektroden und Fertigungsmittel für die Unterstützung anderer wissenschaftlicher Arbeiten hergestellt.

Die im Rahmen dieser Arbeit erreichten Ergebnisse bezüglich der Aufgaben an die Lithographieanlage werden im Folgenden aufgeführt.

7.1 Herstellung von Mikrofluidikchips

Als Beispielanwendung für einen Mikrofluidikchip wurde ein sogenannter kaskadierender Tesla-Gradientenmischer gewählt. Zum Einsatz kommen derartige Mischerstrukturen, um chemische oder biologische Konzentrationsgradienten zu erzeugen, um damit beispielsweise Wundheilungsprozesse zu untersuchen (Keenan 2008). Im Prinzip ist ein kaskadierender Tesla-Gradientenmischer die Kombination von Zulaufverteilern und Mischern, welche diskrete Gradienten zweier Edukte in einem Mikrofluidikchip erzeugt. Das Wirkprinzip mikrofluidischer Gradientenmischer wurde bereits beschrieben (Sia 2003; Lee 2009), ebenso dass diese spezielle Form ein besonders effizienter Planarmischer ist (Hong 2004; Song 2012). Aufgrund der Komplexität dieser Struktur lässt sie sich kaum anders als durch Lithographie erzeugen (Berthier 2012) und ist hervorragend geeignet, die Leistung der Lithographieanlage zu demonstrieren.

7.1.1 Indirekte Strukturherstellung

Als einfache Abformmethode wurde Soft-Lithographie angewendet, um einen Mikrofluidikchip von einer fotolithographisch strukturierten Abformlehre herzustellen. Zunächst mussten hierfür Fotolack und Substratmaterial für die Abformlehre ausgewählt werden.

Als Fotolack wurde SU-8 (Typ 2075 von micro resist technology, Berlin) gewählt; dieser ist ein Standardlack für die Erzeugung dicker (mehrere 10 µm) Schichten. Da von unten durch das Substrat hindurch belichtet wird, muss das Substratmaterial transparent für Licht der Wellenlänge 365 nm sein.

Ein aufgrund seiner UV-Transparenz und Steifigkeit gut geeignetes polymeres Substratmaterial ist Cyclo-Olefin-Copolymer (COC). Für die Herstellung der Abformlehre wurde ein $50 \times 50 \times 1$ mm³ großes COC-Substrat (Typ Topas 6013S-04 vom Kunststoff-Zentrum Leipzig) zunächst mit 2-Propanol und Aceton gereinigt und anschließend mit Stickstoff trockengeblasen.

Die Substratoberfläche wurde dann aktiviert, indem sie 20 s einer Corona-Entladung ausgesetzt wurde (siehe Kapitel 3.5).

Das SU-8 wurde daraufhin per Spincoating appliziert. Bei 100 u/min für 10 s (Beschleunigung 100 u/min×s), gefolgt von 3000 u/min für 30 s (Beschleunigung 350 u/min×s), ergibt sich eine 50 µm dicke Fotolackschicht.

Das anschließende Prebake wurde auf einer programmierbaren Heizplatte zweistufig ausgeführt: Mit einer Temperaturrampe von 250°C/h wurde auf 65°C erwärmt und diese Temperatur 5 min gehalten. Danach wurde mit derselben Aufheizgeschwindigkeit auf 95°C aufgeheizt und diese Temperatur 12 min gehalten, bevor das Substrat wieder auf Raumtemperatur abkühlt wurde. Hierbei ist darauf zu achten, dass die verwendete Heizplatte eine homogene Wärmeverteilung hat, andernfalls bildet sich eine wellige Lackoberfläche.

Das SU-8-beschichtete Substrat wurde nun in die Universalschublade eingelegt und diese in die Halterung geschoben. Die Fokus- und Belichtungszeiteinstellungen waren aus Vorversuchen bekannt.

Mittels der Modellierungssoftware wurde ein 3D-Modell eines zwölffach kaskadierenden Tesla-Gradientenmischers erzeugt und in für den DMD prozessierbare Einzelbilder zerlegt (siehe Abbildung 16). Diese wurden entsprechend sequentiell durch das Substrat in den Lack projiziert. Jedes Einzelbild wurde 1,32 s lang belichtet, bevor der optische Aufbau an die nächste Position bewegt wurde. Für diese Struktur wurde das fünffach verkleinernde Objektiv verwendet, so dass die etwa 4×3 cm² große Struktur aus 256 Einzelbildern gestitcht werden musste.

Nach dem Belichten muss SU-8 im Post Exposure Bake wieder getempert werden. Das Backen wurde für 2 min bei 65°C und für 10 min bei 95°C, jeweils mit Temperaturrampen von 250°C/h ausgeführt, bevor das Substrat wieder auf Raumtemperatur abgekühlt wurde.

Zum Entwickeln wurde das Substrat in eine mit Ethyl-L-Laktat gefüllte Abdampfschale gelegt und 6 min in einem Ultraschallbad behandelt. Anschließend wurde das fertig entwickelte Substrat entnommen und überschüssiger Entwickler mit Stickstoff abgeblasen. Die somit erzeugte Abformlehre ist in Abbildung 19a zu sehen.

Hierbei muss erwähnt werden, dass, obwohl der Stitchingprozess in der Theorie trivial ist, die äußerst hohen Anforderungen an homogene DMD-Ausleuchtung, Positionierbarkeit des optischen Aufbaus sowie die Nivellierung der Arbeitsebene in der Praxis anspruchsvoll umzusetzen sind. Bis heute gibt es bis auf die im Rahmen dieser Arbeit entwickelte Lithographieanlage keine weitere Maschine, welche von einem DMD erzeugte Bilder mit einer so hohen Auflösung zu so großen lateralen Abmessungen des gesamten Chips stitchen kann. Dies schließt auch kommerzielle Anbieter ein.

Der nun zur Abformung fertig hergestellte Replikationsmaster wurde in eine Kunststoffschale gelegt und diese mit PDMS vom Typ Elastosil 601 der Firma Wacker gefüllt. Das PDMS wurde gemäß Herstellerangabe in einem 9:1 Massenverhältnis gemischt und ist so in verarbeitungsfähigem Zustand. Um Lufteinschlüsse im Chip zu verhindern, wurde die Abdampfschale nach vollständiger Befüllung in einen Exsikkator gelegt und entgast, wobei mit einer Wasserstrahlpumpe Luft aus dem Gefäß gesaugt wurde. Durch den abnehmendem Luftdruck im Exsikkator wurden Luftblasen im PDMS sichtbar, die zur Oberfläche stiegen. Erhöhte man den Luftdruck wieder, so platzten die Luftblasen. Dieses Vorgehen wurde so oft wiederholt, bis keine Luftblasen mehr sichtbar waren.

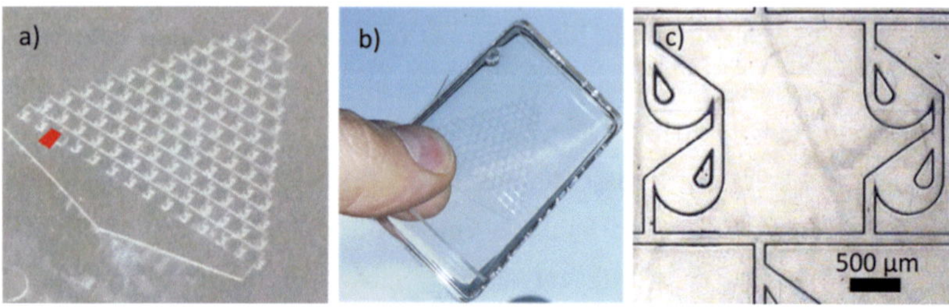

Abbildung 19   SU-8 Abformlehre und davon abgeformter Silikonchip. a) SU-8 Abformlehre, gestitcht aus 256 Einzelbildern. Die Größe eines Einzelbildes wird durch das rote Feld dargestellt. b) Der abgeformte und gebondete PDMS-Chip. c) Lichtmikroskopaufnahme des Chips: Runde Radien und scharfe Düsenstrukturen sind gut sichtbar. Abbildung a und c nach (Waldbaur 2013a).

PDMS härtet bei Raumtemperatur selbstständig aus. Um diesen Prozess zu beschleunigen, wurde die Abdampfschale in einem Ofen für 45 min bei 70°C getempert, danach war das PDMS durchgehärtet. Der PDMS-Block wurde nun aus der Abdampfschale entfernt und die Abformlehre abgenommen.

Der so entstandene Mikrofluidikchip hat offenliegende Kanäle und muss daher gedeckelt werden. Als Deckel wurde zeitgleich mit dem Chip eine dünne Schicht PDMS auf einem ausreichend großen Substrat ausgehärtet. Chip und Deckel wurden dabei zunächst mit 2-Propanol gereinigt und die zu verbindenden Seiten mittels 20 s Corona-Behandlung oberflächenaktiviert. Anschließend wurde der Deckel auf der Mikrofluidikstruktur positioniert und 2 Stunden lang unter leichtem Druck ($\approx$ 20 N / 12 cm²) gepresst.

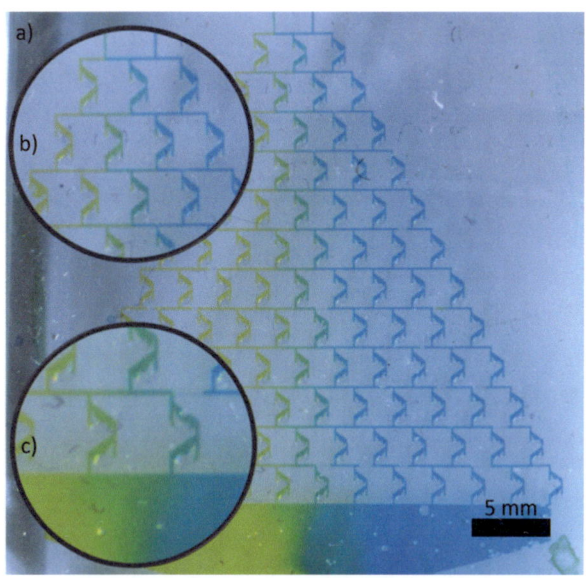

Abbildung 20   Per Soft-Lithographie erzeugter Mikrofluidikchip im Experiment. a) Der Chip wird vom oberen Ende mit gelb und blau gefärbtem Wasser beprobt. Durch den kaskadierenden Tesla-Gradientenmischer wird das Wasser stufenweise gemischt (b), so dass sich am Ende der Mischerstruktur ein Gradient (c) ausbildet (Waldbaur 2012a).

Eine Auflistung der einzelnen Arbeitsschritte sowie der dazu benötigten Zeit findet man den Arbeitsschritten gegenübergestellt für eine direktlithographische Chipherstellung in Tabelle 3 (siehe Kapitel 7.1.3).

Im Anschluss ist der Mikrofluidikchip fertig, er ist in Abbildung 19b gezeigt. Wie sich erkennen lässt, hat der auf diese Weise hergestellte Chip übliche Dimensionen für Mikrofluidikanwendungen. Die Kurvenradien der Kanäle sind rund, also frei von Stufen, und die Düsen der Teslamischer weisen spitze Konturen auf.

Um die Dichtheit des Bonds sowie die Funktionsfähigkeit des Chips unter Beweis zu stellen, wurde ein Versuch mit gefärbtem Wasser durchgeführt. Als Färbemittel diente dabei Druckertinte auf Wasserbasis. Es wurden zwei verschieden gefärbte Edukte in die Einlässe des kaskadierenden Tesla-Gradientenmischers gepumpt. In Abbildung 20 lässt sich erkennen, wie die Mikrofluidikstruktur einen Gradienten erzeugte: Ein Übergang von der einen Farbe über die verschiedenen Mischverhältnisse bis zur anderen Farbe ist sichtbar.

Die Lithographieanlage ist also geeignet, um Mikrofluidikstrukturen über Abformlehren in Soft-Lithographie herzustellen.

7.1.2 *Mikrofluidik mit Pipettierrobotern*

Ein allgemeines Problem mikrofluidischer Systeme besteht gemeinhin darin, dass nur wenige mikrofluidische Komponenten kompatibel zu industriellen Standards sind (Whitesides 2006). Trotz der Möglichkeiten, die Mikrofluidikchips heute bieten, gibt es kaum erfolgreich kommerzialisierte Mikrofluidikprodukte auf dem Markt. Ein Grund dafür ist, dass in der Forschung fast jede Arbeitsgruppe eigene Methoden zum Anschluss von Schläuchen, Pumpen, Ventilen und anderen Peripheriegeräten entwickelt. Das Fehlen von Standards macht den Austausch an sich funktionierender Mikrofluidikchips unter den Forschungsgruppen, aber auch (und vor allem) im Übertrag an die Industrie sehr schwierig (Becker 2010). Neben dem Fehlen standardisierter Schnittstellen wurde in der Vergangenheit wiederholt der geringe Grad standardisierter Automatisierung in der Mikrofluidik bemängelt (El-Ali 2006).

Wie im vorigen Kapitel beschrieben, lassen sich mit der im Rahmen dieser Arbeit entwickelten Lithographieanlage Mikrofluidikchips auch in Soft-Lithographie herstellen. Diese weitverbreitete Herstellungsmethode wurde als Grundlage genommen und eine mit diesem Verfahren kompatible Schnittstelle zu einem industriell etablierten kommerziellen Pipettierroboter entwickelt.

Pipettierroboter sind vollautomatisierte Maschinen zum Befüllen und Entnehmen von Flüssigkeiten in und aus Mikrotiterplatten, die in der Industrie weit verbreitet sind. Sie sind ausgestattet mit mehreren Pipettiernadeln an Spritzenpumpen, die individuell über x/y-Achsen und Höhenverstellung positioniert werden können (Abbildung 23). Zusätzlich zum reinen Pumpen von Flüssigkeiten können Detektoren in diese Systeme integriert werden. Auch das Vorhalten mehrerer Mikrotiterplatten ist möglich, so dass komplette Analysereihen im Hochdurchsatzbetrieb ausführbar sind. Pipettierroboter sind also eigentlich ein optimales Werkzeug für Mikrofluidikanwendungen, die bekanntlich häufig ebenfalls Pumpen, Ventile und Detektionseinheiten als Peripheriegeräte erfordern. Allerdings existiert bis heute keine geeignete Schnittstelle zwischen Mikrofluidik und diesen Pipettierrobotern.

Im Rahmen dieser Arbeit sollte ein Mikrofluidikchip in einem Format zur Verfügung gestellt werden, das mit jedem Pipettierroboter verbunden werden kann und dabei eine möglichst frei wählbare mikrofluidische Kanalstruktur erlaubt.

Zu diesem Zweck wurde eine mehrteilige Gussform entwickelt (siehe Abbildung 21). Das Bodenteil dieser Gussform besitzt eine Vertiefung für das Einlegen einer Abformlehre. Diese Vertiefung besitzt dieselben Außenmaße wie eine Mikrotiterplatte. An einer Seite des Bodenteils befindet sich eine Eingussöffnung, durch die nach dem Zusammenschrauben der Einzelteile der Gussform PDMS eingefüllt werden kann. Das Zwischenteil definiert eine Versteifungseinfassung für die Pipettenschnittstelle des späteren

Mikrofluidikchips. Im Deckelteil befinden sich oberhalb der Versteifungs-einfassung Gewindebohrungen, in die speziell geformte, konisch auf eine dünne zylindrische Struktur zulaufende Kegelschrauben passen, welche im späteren Chip die Schnittstelle zu Pipettennadeln formen. Diese haben 9 mm Abstand voneinander – denselben Abstand haben die Reservoirs auf einer Mikrotiterplatte mit 96 Wells. Mit der Adaption dieses Standards ist die Kompatibilität zu Pipettierrobotern gegeben. Alle beschriebenen Teile wurden in der Werkstatt des Instituts gemäß technischer Zeichnungen aus Edelstahl gefertigt.

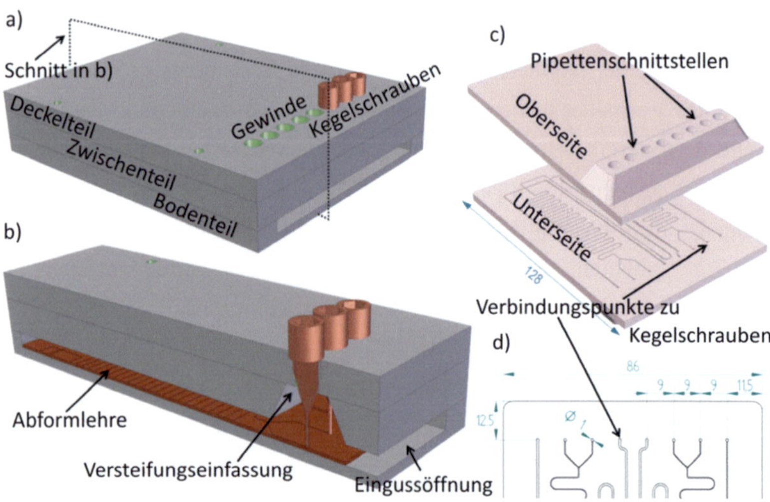

Abbildung 21 Gussform für Mikrofluidikchips mit Schnittstelle für Pipettier-roboter bestehend aus drei Teilen sowie Kegelschrauben für bis zu acht Pipet-tenschnittstellen (a & b). Durch die Eingussöffnung wird zuerst die Abformlehre geschoben und anschließend mit den Kegelschrauben an den Start-/Endpunkten der Kanalnegative fixiert. Nach Entgasen und Aushärten im Ofen entsteht der Mikrofluidikchip wie in c) gezeigt. Die relevanten Maße der Abformlehre sind in c) und d) dargestellt. Abbildung verändert nach (Waldbaur 2013b).

Über eine Abformlehre wird die Kanalstruktur definiert. Die Abformlehre kann auf nahezu jede beliebige Art hergestellt werden. Durch diese Unabhängigkeit von der im Rahmen dieser Arbeit entwickelten Lithographieanlage ist die Nutzung der Gussform auch anderen Arbeitsgruppen möglich.

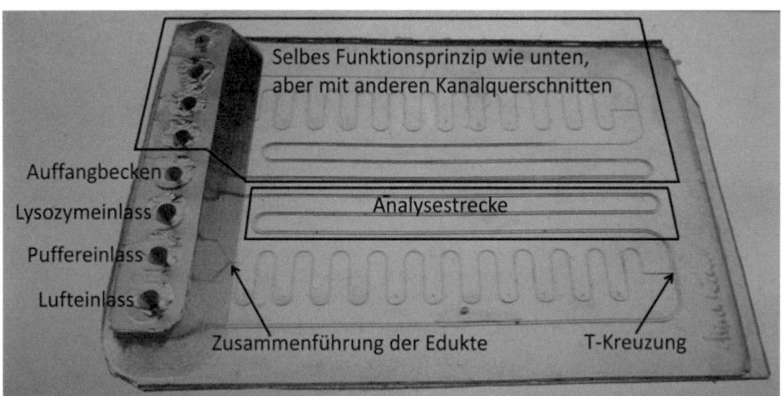

Abbildung 22   Mikrofluidikchip für Pipettierroboter, hergestellt mit Hilfe der im Rahmen dieser Arbeit entwickelten Gussform. Links sind die Versteifungseinfassung und darin acht Pipettenschnittstellen deutlich erkennbar. Die Funktion des Chips ist das Mischen zweier Edukte in der Mäanderstruktur, gefolgt von Segmentierung an der T-Kreuzung durch Luftstrom. Die so vereinzelten Tröpfchen aus verdünntem Lysozym gelangen in die Analysestrecke, bevor sie im Auffangbecken aufgenommen werden. Für diesen Versuch sind nur vier Pipettenschnittstellen nötig. Da ein Pipettierroboter aber gleichzeitig mehrere Versuche ausführen kann, wurde eine identische Struktur mit leicht veränderten Kanalgeometrien in der zweiten Hälfte des Chips untergebracht.

Die Abformlehre muss jedoch einige geometrische Randbedingungen erfüllen: Um die Kanalstruktur mit der über die Kegelschrauben geformten Pipettenschnittstelle zu verbinden, müssen die Start-/Endpunkte der Kanalnegative an genau definierten Positionen unterhalb der Kegelschrauben liegen (siehe Abbildung 21d). Außerdem muss die Abformlehre natürlich auch in die Gussform hineinpassen.

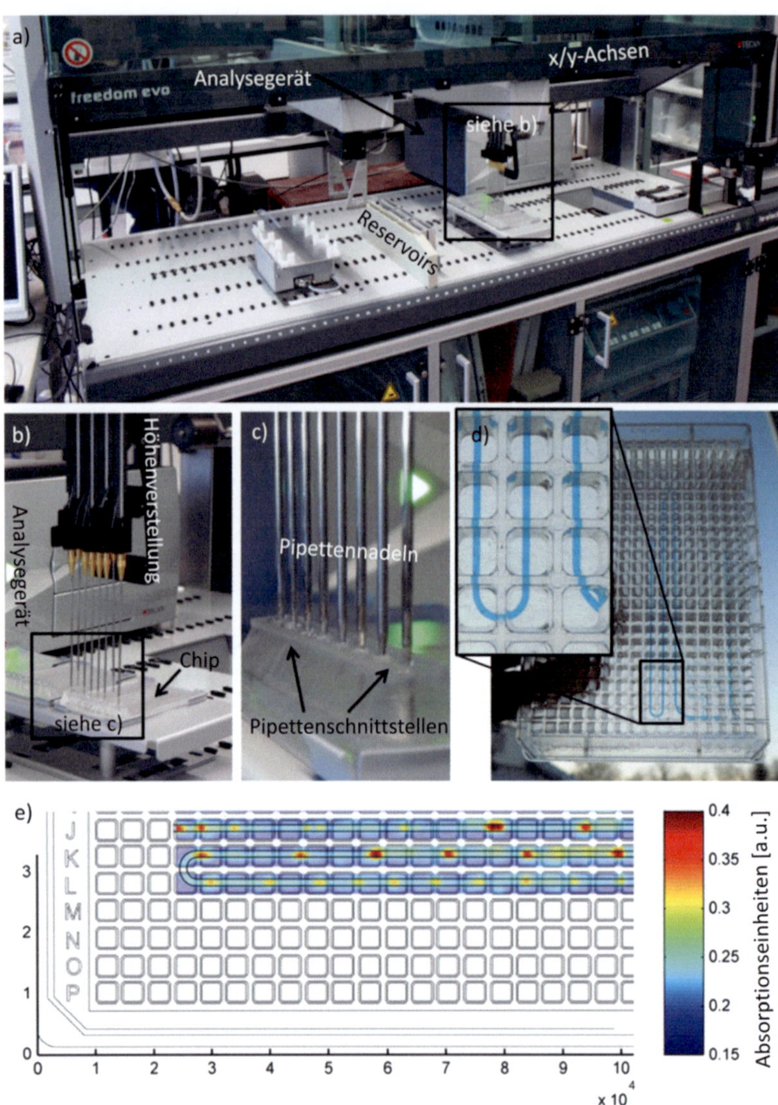

Abbildung 23   Mikrofluidik mit Pipettierrobotern. a) zeigt den Pipettierroboter Tecan Freedom Evo 200 mit eingelegtem Mikrofluidikchip und Analysegerät für Mikrotiterplatten. Die Pipettennadeln sind in x/y-Richtung beweglich und indivi-

duell höhenverstellbar (b). Über eine Pipettenschnittstelle (c) wird der Chip an diese Peripherie angeschlossen. In d) lässt sich erkennen, dass die Analysestrecke des Chips deckungsgleich mit den Wells einer 384-Well Mikrotiterplatte ist, so dass sich der Chip im Analysegerät auslesen lässt. Das Ergebnis der Analyse ist in e) dargestellt: Durch Falschfarben wird die Absorption (und damit die Proteinkonzentration) von Lysozym in Pufferlösung gezeigt. Einzelne Tröpfchen sind deutlich erkennbar, in den Reihen J und K beträgt die Tröpfchengröße 1,4 µl, in Reihe L 0,7 µl. Das Layout der 384-Well Mikrotiterplatte ist nur zur Verdeutlichung als Hintergrund gezeigt, die Kanalwände der Mikrofluidikstruktur mit Linien markiert. Abbildung verändert nach (Waldbaur 2013b).

Um einen Mikrofluidikchip herzustellen, wurde eine Abformlehre durch die Eingussöffnung in die Gussform geschoben. Anschließend wurden die Kegelschrauben bis an die Start-/Endpunkte der Kanalnegative geschraubt. Sollten weniger als acht Pipettenschnittstellen erforderlich sein, so lassen sich die verbliebenen Gewinde mit Madenschrauben schließen. Durch die Eingussöffnung wurde dann PDMS eingefüllt (Verarbeitung gemäß Kapitel 7.1.1). Nach Entgasung und Aushärten im Ofen bei Unterdruck wurde die Gussform geöffnet und der Chip entnommen. Die offene Struktur wurde wie bereits beschrieben mit einer Silikonmembran gedeckelt. Ein Foto des fertigen Chips ist in Abbildung 22 gezeigt. In dieser Abbildung werden außerdem die Funktionen der einzelnen Kanalbereiche für das nachfolgende Experiment aufgeführt.

Um das Funktionieren des Chips und des Prinzips von Mikrofluidik mit Pipettierrobotern zu demonstrieren, wurde folgendes Experiment als exemplarische Anwendung ausgeführt:

Der Chip wurde in einen Pipettierroboter vom Typ Tecan Freedom Evo 200 eingelegt (Abbildung 23). Zwei Edukte (Lysozym und Phosphatpuffer) wurden aus Reservoirs mit je einer Pipette herauspipettiert und in den Chip appliziert, dort zusammengeführt und in einer Mäanderstruktur gemischt. Eine dritte Pipette pumpte Luft als Trennmedium in eine weitere Pipettenschnittstelle, so dass das Gemisch nach Durchlaufen der Mäanderstruktur an einer T-Kreuzung in Tröpfchen, getrennt durch Luft, zerlegt wurde. Diese Tröpfchen durchliefen danach eine Kanalstruktur, die von der

Form her deckungsgleich zu den Böden einer 384-Well Mikrotiterplatte war. Dort wurde mit einem ursprünglich auf Mikrotiterplatten ausgelegten Lesegerät innerhalb des Pipettierroboters die Analyse der Gemischtröpfchen ausgeführt, siehe Abbildung 23e. Die einzelnen Tröpfchen sind deutlich erkennbar und analysierbar.

Die vierte und letzte für diesen Versuch verwendete Pipettenschnittstelle diente während des Versuchs als Auffangbecken. Denkbar wäre hier aber auch, einzelne Tröpfchen nach Analyse gezielt zu extrahieren und in einem anderen Mikrofluidikchip weiter zu bearbeiten. An dieser Stelle zeigt sich exemplarisch das große Potenzial, das im Konzept von Mikrofluidik auf Pipettierrobotern steckt. Die Nutzung von Pipettierrobotern als Infrastruktur lässt auch eine starke Vereinfachung der Chips zu, weil nur passive Strukturen erforderlich sind. Diese Abformlehren für solche Chips lassen sich über Soft-Lithographie einfach und kostengünstig herstellen. Die CAD-Modelle der Gussformteile sowie eine komplette Beschreibung des Experiments wurden veröffentlicht (Waldbaur 2013b).

Im Rahmen dieser Arbeit konnte mit dem Konzept von Mikrofluidik mit Pipettierrobotern also eine Lösung für das bekannte Problem der mangelnden Standardisierung und Automatisierung in der Mikrofluidik aufgezeigt werden.

7.1.3 Direktlithographische Strukturherstellung

Neben der klassischen, indirekten Soft-Lithographie sollten im Rahmen dieser Arbeit Mikrofluidikchips auch direkt strukturiert werden. Dies ist erstrebenswert, weil ohne den Abformschritt Zeit gespart wird und weil hierdurch auch andere Materialien als Chipmaterial erschlossen werden können. Aufgrund der, bereits in anderen Arbeiten nachgewiesenen (Rapp 2009), Eignung für mikrofluidische Anwendungen wurde hierfür der Negativlack Accura 60 ausgesucht.

Auch hier wurde COC als Substratmaterial verwendet. Neben den guten Eigenschaften bezüglich UV-Transparenz und Steifigkeit ist COC biokompatibel und quillt in wässrigen Analyten nicht, weshalb es sich als Material eignet, das im fertigen mikrofluidischen Chip als Boden verbleibt (Steigert 2007).

Nach Reinigung des Substrates mit 2-Propanol wurde die Oberfläche mittels Corona-Entladung aktiviert. Etwa 3 g Accura 60 wurden auf die so vorbehandelte Oberfläche aufgerakelt. Dabei wurde die Schichtdicke über zwei an den Substraträndern aufliegende 80 µm starke Distanzscheiben kontrolliert, entlang derer die Rakel geführt wurde.

Das belackte Substrat wurde anschließend in die Universalschublade gelegt und diese in die Halterung eingeführt. Mittels der Modellierungssoftware wurde ein 3D-Modell eines fünffach kaskadierenden Tesla-Gradientenmischers erzeugt, das in 56 einzelne Bilder zerlegt wurde. Diese Bilder wurden wiederum sequentiell belichtet bei jeweils 0,99 s Belichtungszeit.

Nach der Strukturierung wurde das Substrat aus der Halterung entnommen und nicht ausgehärteter Lack mit Aceton abgespült. Nach dem Trockenblasen mit Stickstoff war die Mikrofluidikstruktur nach einer Herstellungszeit von insgesamt 15 Minuten fertig. Eine Mikroskopaufnahme der Struktur ist in Abbildung 24a zu sehen.

An dieser Stelle tritt einer der Vorteile direkter Strukturierung im Gegensatz zur Soft-Lithographie mit SU-8 besonders hervor: Um dieselbe Struktur in PDMS abgeformt zu erhalten, wären etwa drei Stunden erforderlich gewesen. Ein Vergleich der Herstellungszeiten der Mikrofluidikchips, welche in Abbildung 19 und Abbildung 24 gezeigt werden, ist in Tabelle 3 zu finden.

Da die Struktur noch offen ist, muss diese gedeckelt werden. Dies kann, wie im vorigen Kapitel beschrieben, mittels Corona-induziertem Bonden geschehen. Wenn mit geringem Druck und niedriger Flussgeschwindigkeit gearbeitet wird, lässt sich das Deckeln durch einfaches Auflegen einer

Silikonmembran bewerkstelligen. Der auf diese Weise hergestellte Mikrofluidikchip ist in Abbildung 24b zu sehen.

Im Vergleich zum per Soft-Lithographie hergestellten sind die Strukturen des Accura 60 Chips von geringerer Qualität. Dies liegt hauptsächlich daran, dass dieses Material für Stereolithographie im zweistelligen Mikrometerbereich optimiert ist und es für Anwendung in der Mikrofluidik noch keinerlei Protokolle zur Verarbeitung gibt. Trotzdem sind scharfe Kanten und runde Bögen auch bei diesem Chip ausreichend für mikrofluidische Anwendungen.

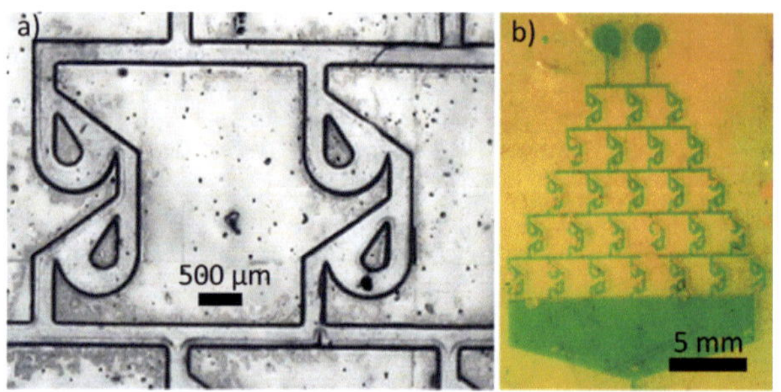

Abbildung 24   Per Direktlithographie aus Accura 60 hergestellter Mikrofluidikchip. a) Lichtmikroskopaufnahme der Struktur. Die Strukturmerkmale sind ausreichend für den Einsatz in der Mikrofluidik. b) Mittels aufgelegter Silikonmembran gedeckelter Chip, gefüllt mit gefärbtem Wasser.

Es konnte somit gezeigt werden, dass mit der im Rahmen dieser Arbeit entwickelten Lithographieanlage Mikrofluidikchips auch direktlithographisch hergestellt werden können. Diese Technologie eröffnet auch neue Möglichkeiten hinsichtlich der Auswahl neuer Materialien (Berthier 2012). Dies unterstüzt die entwickelte Anlage zusätzlich durch die freie Auswahl möglicher Prozesswellenlängen, wodurch die Bearbeitung einer großen Auswahl an Fotolacken möglich wird. Kurze Concept-to-Chip-Zeiten sind durch Direktlithographie und dynamische Maskengenerierung möglich;

Prozessschritte SU-8 Soft-Lithographie	Zeit [min]
Reinigung des Substrats mit Aceton	1
Reinigung des Substrats mit 2-Propanol	1
Trockenblasen mit Stickstoff	0,5
Corona-Behandlung	2
Spincoaten von SU-8	2
Prebake	60
Belichtung* (256 Einzelbilder à 9 s)	38,4
Post Exposure Bake**	50
Entwicklung im Ultraschallbad mit Ethyl-L-Lactate	7
Trockenblasen mit Stickstoff	0,5
Aufgießen des PDMS auf die Abformlehre	1
Entgasung im Exsikkator	2
Tempern im Ofen bei 70°C	45
Reinigung der Bondflächen mit 2-Propanol	2
Corona-Behandlung	1
Zusammenpressen	120
Zeitbedarf	**333,4**

Prozessschritte Accura 60 Direktstrukturierung	Zeit [min]
Reinigung des Substrats mit Aceton	1
Reinigung des Substrats mit 2-Propanol	1
Trockenblasen mit Stickstoff	0,5
Corona-Behandlung	2
Aufrakeln von Accura 60	4
Belichtung (56 Einzelbilder à 9 s)	8,4
Abspülen nicht ausgehärteten Lacks mit Aceton	1
Trockenblasen mit Stickstoff	0,5
Zeitbedarf Direktlithographie ohne Bonden***	**18,4**
Reinigung der Bondflächen mit 2-Propanol	2
Corona-Behandlung	1
Zusammenpressen	120
Zeitbedarf	**159,8**

Tabelle 3 Prozessschritte zur Herstellung von Mikrofluidikchips mittels der entwickelten Lithographieanlage. Die Herstellung per Direktlithographie ist deutlich schneller als durch Abformen mit Soft-Lithographie.

***** **Die Belichtungszeit wird wie folgt angesetzt: 2 Sekunden für die Belichtung, 7 Sekunden für das Verfahren des optischen Aufbaus an die nächste Position.**

****** **Zwischenzeitlich wird das PDMS aus zwei Komponenten angerührt.**

*****Falls dieselbe Kanalstruktur wie im Beispiel der SU-8 Struktur hergestellt werden soll, wären dies 48 Minuten.**

selbst wenn der Chip aus Accura 60 noch gebondet würde, wäre der Herstellungsprozess immer noch fast doppelt so schnell wie mittels Soft-Lithographie.

7.2 Herstellung von Ligandenmustern

Die Herstellung von Ligandenmustern sollte gemäß Tabelle 1 möglichst parallel und in Graustufen mit einer Auflösung im Mikrometerbereich und in möglichst kurzer Zeit erfolgen.

Das PAP-Verfahren wie von Bélisle et al. gezeigt kommt dieser Vorgabe am nächsten, allerdings wäre eine größere strukturierte Fläche von Vorteil, genauso wie eine beschleunigte Herstellung.

Die im Rahmen dieser Arbeit entwickelte Lithographieanlage ist gut geeignet, diese Ziele zu erreichen. Die Einstellbarkeit der Wellenlänge erlaubt die Verwendung einer großen Auswahl an Farbstoffen. Die parallele Belichtung sorgt für hohe Geschwindigkeit. Außerdem kann der verwendete DMD 256 verschiedene Graustufen projizieren.

In Zusammenarbeit mit dem Institut für Funktionelle Grenzflächen (IFG) und dem Institut für Organische Chemie (IOC) des KIT wurden daher Versuche zur Herstellung von Ligandenmustern mittels des maskenlosen Lithographiesystems durchgeführt.

Ein Glassubstrat (Deckglas, bekannt aus der Mikroskopie) wurde dabei zunächst BSA-beschichtet, indem es für 10 min in eine 3 m% BSA-Lösung getaucht wurde. Nach dreimaligem Abspülen mit Phosphatpuffer wurde das Substrat mit destilliertem Wasser gespült und per Zentrifuge getrocknet. Auf das so beschichtete Substrat wurde eine sogenannte HybryWell-Kammer (bezogen von Grace BioLabs, USA) aus transparentem Kunststoff aufgeklebt, die zwischen Kammerdecke und Substrat einen Dünnspalt erzeugt. Die Kammer hat Öffnungen, durch die sich der Dünnspalt beproben lässt. Eine 80 µM Lösung Biotin-5-Fluorescein (F5B, bezogen von

Sigma-Aldrich) wurde in diese Kammer einpipettiert und anschließend die Öffnungen verschlossen

Das derart präparierte Substrat wurde in die für die Aufnahme von Deckgläsern optimierte Schublade gelegt und diese in die Halterung der Lithographieanlage geschoben.

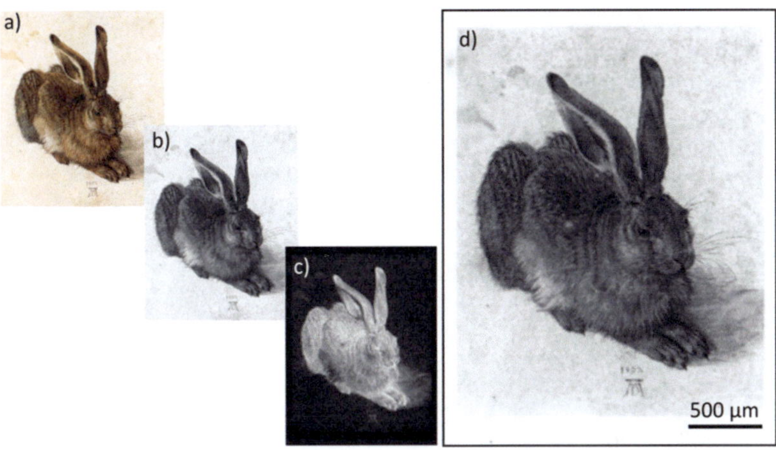

Abbildung 25   Ligandenmuster mit Graustufen. Ein farbiges Bild, in diesem Fall der „Feldhase" von Albrecht Dürer (a), wird in eine Bitmap mit 256 Graustufen und 1024 × 768 Pixeln konvertiert (b). Dieses Bild wird über den DMD auf das BSA-beschichtete Substrat projiziert. Durch Überbelichtung in der Absorptionswellenlänge des Fluoreszenzfarbstoffes Fluorescein (490 nm) bleicht der Farbstoff, wobei ein kurzlebiges Photoradikal entsteht. Dieses koppelt (zusammen mit dem konjugierten Biotin) über eine Additionsreaktion an das BSA. Um das erzeugte Muster sichtbar zu machen, wird Streptavidin-Cy3 auf das Substrat gegeben. Streptavidin bindet mit hoher Affinität an Biotin, wodurch das angekoppelte Muster im Fluoreszenzmikroskop sichtbar wird (c). Um das Ergebnis der Belichtung besser mit dem projizierten Bild vergleichen zu können, ist das Fluoreszenzbild in d) invertiert dargestellt. Hoher Kontrast und feine Konturen sind sichtbar. Abbildung verändert nach (Waldbaur 2013c).

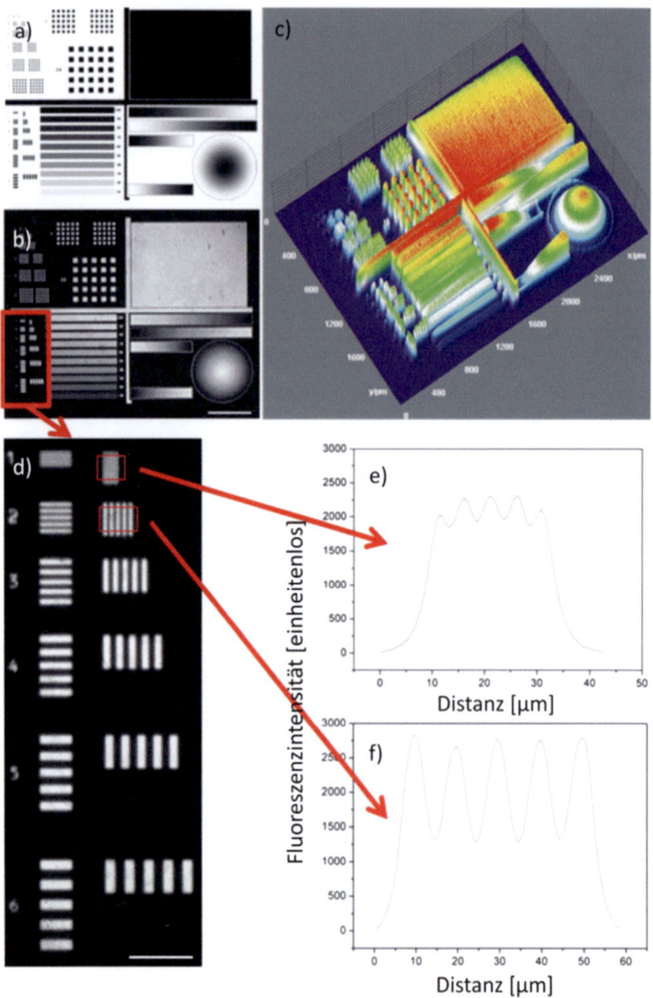

Abbildung 26 Testmuster zur Charakterisierung der Ligandenmuster (a). b) Fluoreszenzbild des Ligandenmusters. c) 3D-Projektion des Fluoreszenzbildes aus b). Die Intensität ist dabei als vertikale Koordinate (z-Achse) eingezeichnet. Die Proteindichtegradienten sind hier besonders deutlich sichtbar. d) Vergrößerter Ausschnitt des Testmusters aus b) zur Charakterisierung der Auflösung. In jeder der abgebildeten Reihen nehmen die Breite der Linien und die Breite des Abstandes dazwischen nach oben hin ab. Die Fluoreszenzintensität der 1-Pixel-Linie

(e) und der 2-Pixel-Linie (f) lässt den Rückschluss zu, dass ein Pixel mit einer Kantenlänge von 2,5 µm abgebildet werden kann. Abbildungen a, b, d, e, f verändert nach (Waldbaur 2012b).

Der verwendete Farbstoff Fluorescein bleicht bei 490 nm, entsprechend wurde die Filterradstellung 7 der Lichtquelle verwendet. Über den DMD wurde ein Graustufenbild 0,33 s lang auf das Substrat projiziert. Dadurch wurde ein Fotobleichprozess wie in Kapitel 5.1 beschrieben ausgelöst.

Nach Entnahme des Substrates aus der Lithographieanlage wurde es dreimal mit destilliertem Wasser abgespült. Um das Ergebnis der Belichtung sichtbar zu machen, wurde das Substrat anschließend mit dem von Sigma-Aldrich bezogenen Farbstoff Streptavidin-Cy3 (volumenanteilig 1:200 mit Phosphatpuffer verdünnt) beprobt. Dieser bindet kovalent an das auf der Substratoberfläche kovalent gebundene Biotin. Mit einem Fluoreszenzscanner lässt sich so das Ligandenmuster auf dem Substrat visualisieren (siehe Abbildung 25). Auch feine Details lassen sich auf dem Bild deutlich erkennen, die Abbildung ist detailgetreu.

Um die Auflösung und den Kontrast genauer zu analysieren, wurde ein weiterer Versuch mit speziell für diese Untersuchung entwickeltem Graustufen-Testbild (Abbildung 26a) durchgeführt. Nachdem, wie beschrieben, ein Ligandenmuster (Abbildung 26b) hergestellt worden war, wurde von dessen Fluoreszenzbild eine 3D-Projektion generiert (Abbildung 26c). Auf dieser werden die linearen Signalanstiege, die der Ligandendichte auf dem Substrat entsprechen, besonders deutlich.

Die Auflösung wurde untersucht, indem Linien verschiedener Breiten erstellt wurden. Hierbei sollte insbesondere geprüft werden, ob auch eine nur 1-Pixel-Linie (also 2,5 µm breit) in das Ligandenmuster übertragen werden kann. Hierbei ist zu bemerken, dass nach dem Abbe'schen Gesetz (siehe Kapitel 6.1.5) bei diesmal größerer Wellenlänge (490 nm > 365 nm) unter Verwendung des fünffach verkleinernden Objektivs die kleinste abbildbare Kantenlänge 2 µm beträgt. Es wird deutlich, dass hier bereits sehr nah an der physikalisch gegebenen Grenze gearbeitet wurde. Dennoch ist es möglich, Linien dieser Breite mit dem System herzustellen. Dies ist in einem vergrößerten Ausschnitt aus Abbildung 26b in Abbildung 26d zu sehen.

Wie bei Fotolacken lassen sich somit also auch sehr hochaufgelöste Ligandenmuster mit dem entwickelten System erstellen. Hierbei konnte auch der Beweis der Eignung zur Graustufenlithographie erbracht werden, dies wurde bisher bei der Lackstrukturierung noch nicht untersucht. Hierfür wurden im Testbild sowohl Bereiche mit kontinuierlich ansteigender Pixelhelligkeit als auch Bereiche homogener, aber zwischen 10 % und 100 % der vollen Lichtintensität variierender Pixelhelligkeit vorgesehen. Für die Auswertung wurde das übliche Verfahren, die Fluoreszenzintensität mit der Menge gebundenen Streptavidins gleichzusetzen, angewendet (Blawas 1998; Álvarez 2008; Toh 2009).

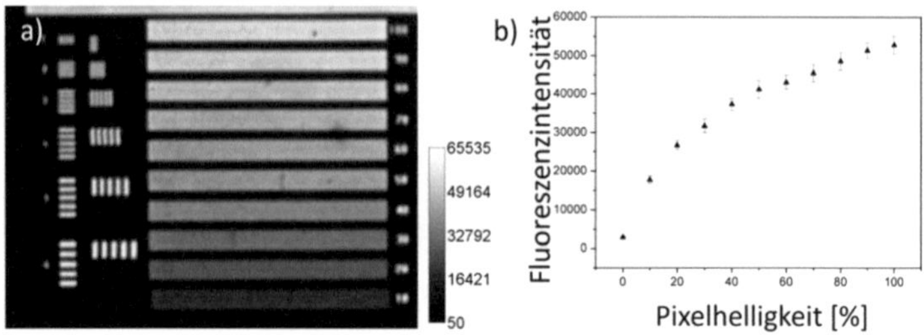

Abbildung 27 Graustufenlinearität der Ligandenmuster. a) Balken verschiedener Intensitäten, belichtet mit 10% bis 100% Pixelhelligkeit des DMD. b) Der Pixelhelligkeit des DMD als Bildgeber wird die Fluoreszenzintensität des Bildes gegenübergestellt. Ab einem gewissen Wert scheint sich eine Sättigung einzustellen. Abbildung verändert nach (Waldbaur 2012b).

In Abbildung 27a lässt sich erkennen, dass unterschiedliche Ligandendichten erfolgreich erzeugt werden konnten. Allerdings scheint sich bei dichteren Bereichen, also heller belichteten, eine Sättigung einzustellen (Abbildung 27b). Die These, dass dies durch Abbau von Fluorophoren unter hoher Strahlung hervorgerufen wird, wurde für ein vergleichbares Ligandenmuster bereits von Curtis et al. aufgestellt (Scrimgeour 2010).

Alternative Methoden zu Ligandendichtebestimmung wie Röntgenphoto-elektronenspektroskopie (Nakayama 2010) oder die sogenannte Time-of-flight Sekundärionen-Massenspektroskopie (TOF-SIMS) (Dubey 2009) können schlecht angewandt werden, weil der Hintergrund des Ligandenmusters aus BSA besteht und dies kaum vom immobilisierten Liganden zu unterscheiden ist. Mit der im Rahmen dieser Arbeit entwickelten Lithographieanlage konnten zum ersten Mal Ligandenmuster mittels DMD-basierter Lithographie erzeugt werden. Mit keiner bisher gezeigten Methode konnten Ligandenmuster ähnlicher lateraler Größe, mit vergleichbarem Kontrast und vergleichbar feiner Auflösung, hergestellt in so kurzer Zeit, gezeigt werden.

7.3 Weitere Anwendungen

Neben der Herstellung von Mikrofluidikchips und der Erzeugung von Ligandenmustern auf technischen Oberflächen, welche den Kernpunkt der vorliegenden Arbeit bildeten, kam die Lithographieanlage auch für weitere Anwendungen zum Einsatz, die im Folgenden aufgeführt werden.

7.3.1 Mikrofluidikchips in chemisch inerten Materialien

Wie bereits mehrfach erwähnt, werden seit geraumer Zeit alternative Materialien für Mikrofluidikchips gesucht. So sind zum Beispiel weder PDMS noch Accura 60 besonders chemikalienresistent. Das am Institut für Mikrostrukturtechnik entwickelte PFPE-DEMAU (siehe Kapitel 4.1.4) hat mit Teflon vergleichbare chemische Eigenschaften, weshalb ein daraus hergestellter Mikrofluidikchip völlig neue Möglichkeiten der Untersuchung auch aggressiverer Stoffe böte.

Zunächst wurde die grundsätzliche Eignung der Lithographieanlage zur Strukturierung dieses Werkstoffes untersucht, indem ein vergleichsweise einfacher Mikrofluidikchip in Form einer T-Kreuzung hergestellt wurde.

Dazu wurde das PFPE-DEMAU in eine Polystyrolschale gegossen, bis eine circa 100 µm dicke Bodenschicht vorlag. Diese wurde anschließend durch UV-Bestrahlung komplett ausgehärtet. Darauf wurde wiederum eine etwa 50 µm dicke Schicht des Monomers gegossen. Die so vorbereitete Polystyrolschale wurde dann in die Arbeitsebene der Lithographieanlage gebracht und das Bild einer Kanalkreuzung in den Lack projiziert. Die Belichtungszeit fiel mit 90 s länger aus als bei anderen Materialien. Dies kann natürlich an der noch wenig optimierten Zusammensetzung des Monomers und der enthaltenen Fotoinitiatoren liegen. Außerdem lässt ausgehärtetes PFPE-DEMAU zwar UV-Strahlung grundsätzlich durch, aber durch etwa 250 µm Polystyrol und 100 µm PFPE-DEMAU wird die Intensität der Projektion deutlich gedämpft. Unausgehärtetes Monomer wurde nach der Belichtung mit Wasser abgespült. Der auf diese Weise hergestellte (offene) Mikrofluidikchip ist in Abbildung 28a zu sehen. Scharfe Kanten im Bereich der Kreuzung und eine homogene Kanaltiefe sind erkennbar.

Allerdings scheiterten alle Versuche, diesen Chip zu deckeln. Die Fluorierung machte übliche Klebstoffe und Bondingverfahren ungeeignet. Es wurde deshalb versucht, den Kanal mit einem Opfermaterial zu füllen, um eine weitere PFPE-DEMAU-Schicht darüber aushärten lassen zu können. Als Opfermaterialien wurden Wasser und verschiedene Wachse in flüssigem und festem Aggregatzustand in die Kanäle eingebracht, aber die Hydrophobizität des Werkstoffs sorgte dafür, dass das Opfermaterial nicht darin verblieb. Der Versuch, ohne Opfermaterial auszukommen und die Eindringtiefe der UV-Strahlung durch kurze Belichtungszeiten gering zu halten, zerstörte schließlich den Chip, weil der Kanal sich zusetzte (siehe auch das Rückseitenproblem, Kapitel 3.2).

Nachdem eine Strukturierbarkeit des Werkstoffes gezeigt werden konnte, wurde untersucht, bis zu welcher Strukturgröße dieser beherrschbar bleibt. Mit der beschriebenen direktlithographischen Herstellung blieben Strukturen, die weniger als 10 Pixel ($\approx$ 25 µm) breit waren, nicht stehen, sondern wurden beim Abspülen des unausgehärteten Monomers mit abgetragen.

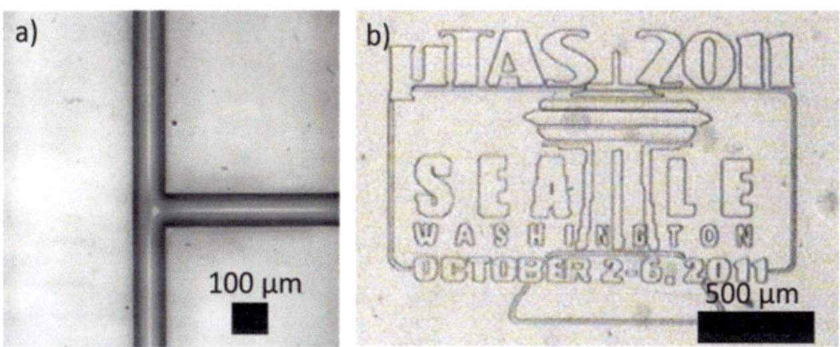

Abbildung 28   Chemisch inerte Strukturen aus PFPE-DEMAU, hergestellt in Direktlithographie (a) und durch Abformung von einer Abformlehre aus AZ-Lack (b) (Waldbaur 2011a).

Um die generelle Eignung von PFPE-DEMAU auch für kleinere Strukturen zu untersuchen, wurde eine Abformlehre aus AZ-Lack hergestellt. AZ-4562 wurde auf ein Quarzglasplättchen ($50,8 \times 25,4 \times 1,0$ mm³) aufgetragen. Das Substrat wurde auf einem Spincoater innerhalb von 20 s auf 6000 u/min beschleunigt, und diese Geschwindigkeit für weitere 20 s gehalten. Die resultierende, etwa 8 µm starke Schicht wurde bei 50 °C im Ofen getempert.

Im Anschluss wurde mittels des Lithographiesystems ein Bild mit feinen Strukturen 0,66 s lang mit 320 - 400 nm Wellenlänge auf den Lack projiziert. Nach der Belichtung erfolgte die Entwicklung des Lacks mit AZ351B, dem vom Hersteller des Lacks empfohlenen Entwickler, gefolgt von Abspülen mit destilliertem Wasser.

Die in den AZ-Lack übertragene Struktur wurde dann in eine Abdampfschale gelegt und als Abformlehre genutzt: PFPE-DEMAU-Monomer wurde in die Schale gegossen, bis diese circa 3 mm hoch gefüllt war, und daraufhin flutbelichtet. Dazu wurde das distale Lichtleiterende aus der Homogenisierungs- und Kollimationsoptik abgezogen und aus etwa 10 cm

Entfernung senkrecht auf die Abdampfschale gerichtet. Bei Filterradstellung 3 (320 - 400 nm) wurde 5 s belichtet, danach war die Polymerisierung abgeschlossen. Die Abformlehre wurde entfernt, und der Chip mit Aceton abgespült.

Die auf diese Weise hergestellte PFPE-DEMAU-Struktur ist in Abbildung 28b zu sehen. Die Strukturen der Abformlehre konnten repliziert werden, feine Strukturen bis 5 µm Größe sind erkennbar.

Mit der im Rahmen dieser Arbeit entwickelten Lithographieanlage kann also das selbst synthetisierte Material PFPE-DEMAU in bis zu 100 µm dicken Schichten auf 25 µm genau strukturiert werden. Durch indirekte Herstellung über Abformen sind auch kleinere Strukturen möglich.

7.3.2 Elektrodenherstellung

Wie eingangs erwähnt, wird Mikrofluidik heute häufig mit verschiedensten Formen von Sensorik und Analytik kombiniert. In der Arbeitsgruppe wird, beispielsweise zur Untersuchung des Aufwachsverhaltens von Biofilmen oder zur Bioanalytik, elektrochemische Impedanzspektroskopie (EIS) eingesetzt (Pires 2013). Für dieses Verfahren werden Goldelektroden auf COC benötigt. Um EIS zu optimieren, müssen verschiedene Elektrodenformen im Versuch evaluiert werden. Auch hier ist eine schnelle und dynamische Herstellung der Elektroden deshalb vorteilhaft.

Im Rahmen dieser Arbeit wurde das entwickelte Lithographiesystem auch zur Herstellung von Elektroden für diese analytischen Anwendungen eingesetzt. Hierfür wurde zunächst durch Sputtern eine 100 nm dicke Goldschicht auf das Substrat aufgebracht. Diese Goldschicht wurde anschließend mit dem Dünnschichtlack AZ-4562 beschichtet. Etwa 3 g Lack wurden auf die Goldschicht appliziert und mittels Spincoater 30 s lang bei 2000 u/min gleichmäßig verteilt. Danach wurde das Substrat für 30 min bei 50 °C getempert. Das Substrat war somit vorbereitet für die Belichtung.

Eine gängige Methode zur schnellen Elektrodenherstellung ist es, eine mit einem normalen Bürodrucker bedruckte Folie als Maske zu verwenden (Abbildung 29a). Die Tonerfarbe auf der Folie absorbiert einen hohen Anteil der aufgebrachten Strahlung. Druckauflösungen von 1200 dpi erlauben die Definition feiner Strukturen, die Erzeugung per Computerausdruck ist denkbar einfach. Dieses Verfahren mit Tonermaske wurde auch in der Arbeitsgruppe zunächst angewendet. Hierfür wurde eine bedruckte Folie auf das Substrat gelegt und mit einer UV-Lampe belichtet.

Nach der Belichtung erfolgte die Entwicklung des Lacks in der Entwicklerlösung AZ351B (bezogen von Micro Chemicals GmbH, Ulm). Abschließend wurde mit destilliertem Wasser gespült.

Nach der Entwicklung lag die Goldschicht in den belichteten Bereichen frei. Durch Einlegen in eine Iod-Kaliumiodid-Lösung (Massenanteile 1:4, gelöst in 40 ml destilliertem Wasser) für 20 s wurde die freiliegende Goldschicht weggeätzt. Anschließend wurde das Substrat mit destilliertem Wasser abgespült und mit Stickstoff trockengeblasen. Auf dem Substrat befand sich nach dem Ätzschritt somit nur noch die mit AZ-Lack geschützte Elektrodenstruktur aus Gold. Dieser verbliebene Schutzlack wurde anschließend mit Aceton entfernt und der Chip für 30 min einer abschließenden Reinigung im Plasmareiniger unterzogen. Ein Chip mit auf diese Weise erzeugten Elektroden ist in Abbildung 29b gezeigt.

Zwar lässt sich eine definierte Elektrodenform deutlich erkennen, jedoch sind die Ränder keineswegs scharf, sondern wirken „ausgefranst". Dies kann an mangelnder Tonerhaftung auf der Folie liegen oder an unvollständiger Abschattung durch schwankende Tonerdichte der Maske. Dabei war es für die Qualität der Struktur unerheblich, ob eine schwache oder sehr starke UV-Lampe verwendet wurde, lediglich die Belichtungszeit änderte sich entsprechend.

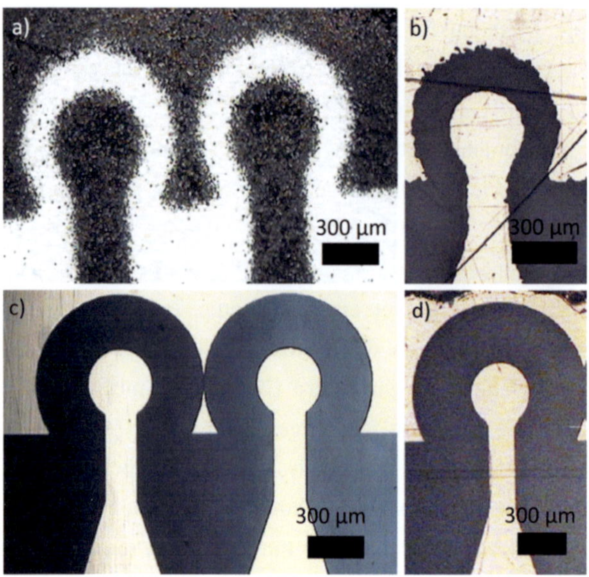

Abbildung 29   Goldelektroden und Masken für deren Herstellung. a) Mit einem Laserdrucker auf Folie gedruckte Tonermaske und der daraus resultierende Chip (b). Deutlich zu erkennen sind die „ausgefransten" Ränder, die sich in der Elektrodenstruktur widerspiegeln. c) Mittels der im Rahmen dieser Arbeit entwickelten Lithographieanlage hergestellte Goldmaske (Arbeitsmaske) und die daraus resultierende Elektrodenstruktur (d).

Für die Anwendung in der EIS sollte die Qualität der Elektroden verbessert werden, ohne dabei Kompromisse bezüglich flexiblen Maskendesigns und Schnelligkeit einzugehen. Hierfür wurden auf der im Rahmen dieser Arbeit entwickelten Anlage ebenfalls Goldelektroden im Ätzverfahren hergestellt. Dazu wurden die gleichen Substrate verwendet. Ein mit Gold und Lack beschichtetes Substrat wurde mit der beschichteten Seite nach unten in die Universalschublade gelegt und diese in die Halterung geschoben. Auf diese Weise kommt die Lackschicht nach unten zu liegen. Das ist deshalb notwendig, weil durch die Goldschicht hindurch aufgrund der vollständigen Reflektivität von Gold nicht belichtet werden kann.

Mittels der entwickelten Software zur Erzeugung dreidimensionaler Strukturmodelle wurde die bereits für den Ausdruck auf Folie verwendete Bilddatei in ein für den DMD prozessierbares Dateiformat konvertiert und in einzelne Bilder (Frames) zerlegt. Diese Frames wurden, wie bereits beschrieben, gestitcht, wobei jedes Einzelbild bei Filterradstellung 3 für 0,33 s belichtet wurde. Nach Entnahme des belichteten Substrats wurden die Entwicklung des Lacks sowie das Ätzen des Goldes und die anschließende Entfernung des Schutzlackes analog zum oben beschriebenen Verfahren ausgeführt. Die mit der im Rahmen dieser Arbeit entwickelten Lithographieanlage hergestellte Goldmaske ist in Abbildung 29c zu sehen. Die Maske wurde in einem analogen lithographischen Ätzprozess in eine Elektrodenstruktur „umkopiert" (Abbildung 29d). Die Qualitätssteigerung im Vergleich zu mittels Tonermaske erzeugten Elektroden ist deutlich sichtbar: scharfe Ränder, offenbar keine oder nur geringe Schwankungen der Schichtdicke und klare Konturen stellen eine erhebliche Verbesserung der Elektroden für den Einsatz in der EIS dar, ohne Nachteile im Hinblick auf Flexibilität gegenüber der Tonermaskentechnik aufzuweisen.

Zur Herstellung der EIS-Elektroden wurde das fünffach verkleinernde Objektiv verwendet. Um noch empfindlichere Sensoren herstellen zu können, sind allerdings Strukturen erforderlich, die kleiner sind als eine einzelne Pixelkantenbreite (2,5 µm) bei Verwendung dieses Objektivs. Als Ansatz, kleinere Elektrodenstrukturen zu erzeugen, wurde deshalb das zwanzigfach verkleinernde Objektiv eingesetzt. Zunächst wurde nur AZ-Lack ohne darunterliegende Goldschicht strukturiert. Die Belichtungszeit betrug 0,33 s. Abbildung 30 zeigt die auf diese Weise hergestellte Lackschicht mit Strukturen von 700 nm Breite. Da das Ätzen von Elektroden in dieser Größenordnung eine Parameterstudie erfordert hätte und die mit der fünffach verkleinernden Optik erstellten Elektroden ihren Zweck erfüllen, wurde auf die Herstellung einer funktionierenden Elektrode zunächst verzichtet.

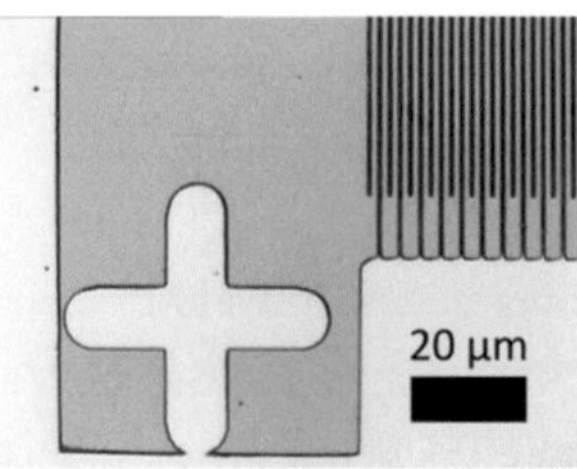

Abbildung 30   AZ-Lack Typ 4562 mit Submikrometerstrukturen, hergestellt unter Verwendung des zwanzigfach verkleinernden Objektivs. Die einzelnen Balken der Struktur sind 700 nm breit.

Mit der im Rahmen dieser Arbeit entwickelten Lithographieanlage lassen sich also auch schnell und flexibel Goldelektroden von hoher Qualität herstellen. Die Strukturierung von Schutzlack bis hinunter in den Submikrometerbereich ist bereits möglich, so dass die Herstellung derart dimensionierter Elektroden ebenfalls machbar scheint.

7.3.3 µCP retinaler Wachstumskegel

Das Aufstempeln (µCP, siehe Kapitel 5) von Liganden auf Oberflächen wurde bereits beschrieben. In Zusammenarbeit mit dem Zoologischen Institut am KIT sollten mit der Lithographieanlage Abformlehren geschaffen werden, mit deren Hilfe Proteinmuster für die Untersuchung sogenannter „retinaler Wachstumskegel" hergestellt werden können (Von Philipsborn 2006; Lang 2007). In diesem Fall kann das Muster nicht lithographisch mittels Photobleichen erzeugt werden, weil die aufzubringenden Proteine konjugieren können. Beim Stempeln können diese aber räumlich getrennt werden.

Die Abformlehre sollte per Soft-Lithographie hergestellt werden. Hierbei war zu beachten, dass eine möglichst glatte Stempelfläche benötigt wird. Deshalb wurde als Substrat kein COC oder anderer Kunststoff verwendet, sondern Quarzglas, welches eine sehr glatte Oberfläche aufweist. Quarzglas ist nicht nur wegen der UV-Transmission vorteilhaft, es ist auch besonders für die Verwendung von SU-8 als Fotolack geeignet, da SU-8 zwar äußerst schlecht auf Glas, jedoch gut auf Quarz anhaftet (MicroChem 2007).

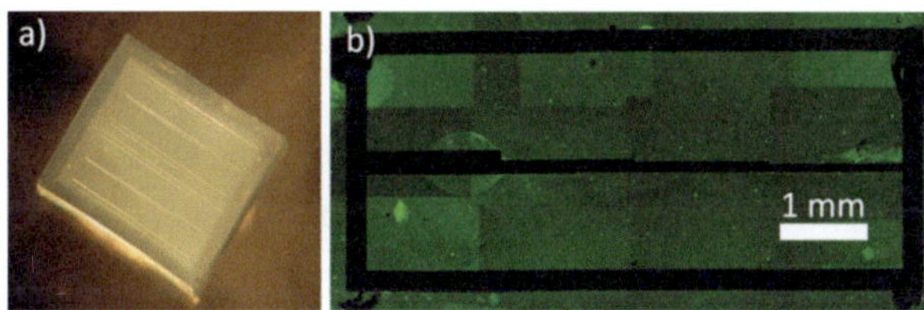

Abbildung 31 **µCP retinaler Wachstumskegel mittels PDMS-Stempel (a). Die Abformlehre für den Stempel wurde mit der Lithographieanlage in SU-8 auf Quarzglas hergestellt. Das Fluoreszenzbild des gestempelten Proteinmusters (EphA3-Fc Maus-Chimäre) ist in b) zu sehen. Die rechtwinkligen Felder, die im Fluoreszenzbild zu erkennen sind, sind Stitchingartefakte der zusammengesetzten einzelnen Mikroskopaufnahmen, keine Strukturen im Stempel.**

Im Gegensatz zur Strukturierung von SU-8 auf Kunststoffsubstraten reichte dabei eine Vorbehandlung des Substrats mit dem Corona-Generator nicht aus, die Strukturen lösten sich vom Quarzplättchen ab. Eine 30-minütige Vorbehandlung im Plasmareiniger sorgte für gute Substrathaftung. Ansonsten wurden dieselben Parameter zur Herstellung einer Abformlehre verwendet wie in Kapitel 7.1.1 beschrieben.

Das Muster wurde als Bitmap erstellt und über die Software in 16 einzeln zu projizierende Bilder zerlegt. Ein von dieser Struktur abgeformter Stempel ist in Abbildung 31a zu sehen, ein über diesen gestempeltes Proteinmuster in Abbildung 31b.

Die im Rahmen dieser Arbeit entwickelte Lithographieanlage lässt sich also zur Herstellung von Stempeln für µCP einsetzen.

7.3.4 3D-Struktur

Bei der Entwicklung der Lithographieanlage war eine Vorgabe die grundsätzliche Eignung für 3D-Strukturierung. Dies ist einer der Gründe dafür, dass das Substrat von unten belichtet wird. Auf diese Weise lässt sich die vorteilhafte Fledermaustechnik anwenden (siehe Kapitel 3.3.1). Für diese Technik benötigt man, wie bereits beschrieben, eine für die Belichtungswellenlänge transparente Bodenplatte, die sich nicht mit dem Fotolack verbindet. Aufgrund seiner hervorragenden optischen Transparenz, Härte und chemischen Beständigkeit ist Quarzglas gut geeignet als Bodenplatte, allerdings muss darauf noch Antihaftschicht aufgetragen werden. Versuche mit Dimethoxydimethylsilan (bezogen von Sigma-Aldrich, Deutschland) scheiterten jedoch, weil der Fotolack oft daran haften blieb, es ließen sich keine reproduzierbaren Ergebnisse erzielen. Als Antihaftschicht bewährt hat sich das PDMS Elastosil 601, welches mit dem Spincoater 100 µm dick auf ein Quarzglasplättchen aufgeschleudert wurde und dann darauf aushärtete. Durch ein derart beschichtetes, 1 mm starkes Quarzplättchen konnte mehr als 20 Mal eine Lackschicht ausgehärtet und danach rückstandsfrei davon abgelöst werden. Dabei konnte keine Verlängerung der Belichtungszeit in Folge der PDMS-Beschichtung im Vergleich mit einem unbeschichteten Substrat festgestellt werden.

Für die Herstellung dreidimensionaler Strukturen muss der Fotolack auf einer Grundfläche anhaften und diese nach dem Aushärten einer Schicht um eine Schichtdicke d nach oben von der Bodenplatte wegbewegt werden, so dass Fotolack in den Spalt nachfließen und eine weitere Schicht belichtet werden kann (siehe Abbildung 4). Dazu wurde ein Linearaktor an der Halterung oberhalb der Arbeitsebene befestigt. An dessen beweglichem Schlitten wurde ein Kragarm mit einer Kunststoffplatte angebracht, welche die Grundfläche für die Belichtung darstellt. Der verwendete Linearaktor vom Typ M304.4 der Firma PI ist für eine Zuglast von 50 N zugelassen, er ist somit geeignet, eine Lackschicht von der Bodenplatte abzulösen.

Als Fotolack wurde Accura 60 ausgewählt, weil es speziell für 3D-Strukturierung entwickelt wurde. Als Kunststoff für die als Grundfläche dienende Platte wurde Polystyrol verwendet, weil Accura 60 sehr gut daran haftet.

In der Arbeitsebene der Lithographieanlage wurde ein mit PDMS beschichtetes Quarzglasplättchen als Bodenplatte befestigt, so dass die Oberseite der Antihaftschicht in der Fokusebene lag. Danach wurde ein Tropfen Accura 60 (circa 1 g) darauf gegeben, und die Grundfläche mittels Linearaktor so nah an die Bodenplatte gefahren, dass ein 50 µm hoher Spalt, gefüllt mit dem Fotolack, entstand. Diese Schicht wurde 0,99 s lang mit 320 – 400 nm Wellenlänge belichtet.

Abbildung 32   Dreidimensionale Struktur, hergestellt in Direktlithographie aus Accura 60 (Rasterelektronenmikroskopaufnahme). Die drei aufeinander liegenden rechteckigen Schichten sind jeweils 50 µm dick.

Anschließend wurde die Grundfläche so weit hochgefahren, dass ein zweiter Tropfen Accura 60 auf die Bodenplatte appliziert werden konnte. Der Linearaktor wurde daraufhin wieder nach unten bewegt, so dass ein Abstand von 100 µm zur Bodenplatte entstand. Ein zweites Bild wurde belichtet.

Wieder wurde die Grundfläche abgehoben, Monomer hinzugefügt, die Grundfläche wieder heruntergefahren, diesmal auf 150 µm Abstand, dann ein weiteres Bild projiziert.

Danach wurde die Grundfläche mit der darauf befindlichen Struktur vom Linearaktor entfernt und unausgehärteter Fotolack mit Aceton abgespült. Die auf diese Weise hergestellte dreidimensionale Struktur aus Accura 60 ist in Abbildung 32 zu sehen.

Mit der im Rahmen dieser Arbeit entwickelten Lithographieanlage lassen sich somit also prinzipiell auch dreidimensionale Objekte herstellen.

8. Zusammenfassung und Ausblick

Ziel dieser Arbeit war es, eine auf einem DMD als dynamischer Maske basierende Lithographieanlage zu entwickeln und aufzubauen. Diese sollte dann zur Herstellung von Mikrofluidikchips und Ligandenmustern verwendet werden. Diese Aufgabe wurde erfüllt.

In diesem Kapitel werden die gestellten Ziele und erreichten Ergebnisse zusammengefasst sowie die aufgetretenen Probleme analysiert, Lösungsvorschläge aufgezeigt und ein Ausblick auf mögliche weitere Arbeiten gegeben.

8.1 Lithographieanlage

Hauptziel war die Entwicklung einer Lithographieanlage. Diese sollte möglichst universell im Bereich Mikrofluidik und Oberflächenfunktionalisierung einsetzbar sein und insbesondere schnelle Strukturgebung in für die genannten Anwendungen nötiger Auflösung erlauben.

Die in dieser Arbeit entwickelte Lithographieanlage verwendet als Strahlungsquelle eine Quecksilberdampflampe. Durch die Verwendung einer breitbandigen Lichtquelle ist die Lithographieanlage äußerst vielseitig einsetzbar. Das Licht wird über einen flexiblen Flüssigkernlichtleiter in eine Homogenisierungs- und Kollimationsoptik geleitet, bevor es auf einen DMD trifft. Dieser dient als dynamische Maske. Der DMD hat eine Auflösung von etwa 700.000 Pixeln und kann 256 Grautöne darstellen. Über eine Projektionsoptik wird das vom DMD reflektierte Bild in die Arbeitsebene geleitet. Je nach verwendeter Optik können Pixel mit 2,5 µm beziehungsweise 690 nm Kantenlänge projiziert werden. Dadurch kann die Anforderung nach für Mikrofluidik geeigneten Strukturgrößen erfüllt werden. Um auch die dafür erforderlichen lateralen Abmaße strukturieren zu können, ist der optische Aufbau beweglich auf x/y-Aktoren montiert. Durch sequentielles Belichten von Einzelbildern nebeneinander lassen sich die Einzelprojektionen zu einem zusammenhängenden Bild verbinden (Stitching). Durch die Verfahrwege der Aktoren ist die strukturierbare Fläche auf 200×150 mm² festgelegt, damit wird auch die Anforderung nach ausreichender Strukturgröße erfüllt.

Die Substrate werden oberhalb des optischen Aufbaus in einer herausnehmbaren Schublade vorgehalten. Dadurch kann man die Substrate schnell austauschen. Aufgrund der Belichtung von unten und durch die Tatsache, dass nicht das Substrat, sondern der optische Aufbau bewegt wird, lassen sich auch flüssige Materialien strukturieren. Dadurch wird größtmögliche Freiheit bei der Materialauswahl sichergestellt.

Um verschiedenste Substrate belichten zu können, wurde eine Universalschublade entwickelt, die zu Substratgrößen von 4×4 mm² bis 200×150 mm² kompatibel ist.

Damit Umwelteinflüsse wie Vibrationen und Streulicht keinen Einfluss auf die Strukturierung nehmen können, wurde eine entsprechende Verkleidung aus Plexiglasscheiben um die Lithographieanlage errichtet. Innerhalb dieser Verkleidung sorgt ein laminarer Luftstrom für leichten Überdruck, so dass keine Partikel ins Innere gelangen und die Strukturen verunreinigen können. Der gesamte optische Aufbau und die Substrathalterung sind auf einem Antivibrationstisch gelagert, damit die Belichtung nicht durch Verwackeln beeinflusst werden kann.

Die Anlage wurde komplett entwickelt und vollständig aufgebaut sowie bestimmungsgemäß eingesetzt.

Während des Betriebs wurde Abrieb an den Schubladen und deren Führungsschiene festgestellt. Beide Teile sind aus Aluminium gefertigt, was eine ungünstige Materialpaarung für ein Gleitlager ist. An dieser Stelle könnte die Anlage optimiert werden, falls ein besser geeigneter Gleitbelag für die Schubladen gefunden und implementiert würde.

Um die Unterseite lichtundurchlässiger Substrate besser fokussieren zu können, könnte man den Umlenkspiegel durch einen halbtransparenten Spiegel ersetzen und eine Kamera derart darunter positionieren, dass sich die Arbeitsebene unabhängig vom Substratmaterial stets beobachten lässt.

Eine weitere mögliche Aufgabe ist der Aufbau einer für 3D-Strukturierung geeigneten Baukammer oberhalb der jetzigen Arbeitsebene. Teile davon wurden bereits entwickelt, auch konnte die prinzipielle Eignung der Lithographieanlage für 3D-Strukturierung bereits gezeigt werden. An dieser Stelle liegt mit Sicherheit das größte Erweiterungspotential.

8.2 Mikrofluidikchips

Zweites Ziel dieser Arbeit war es, mit der entwickelten Lithographieanlage Mikrofluidikchips herzustellen, und zwar auf zwei Arten: indirekt durch Abformung in sogenannter Soft-Lithographie und direktlithographisch, also ohne den Zwischenschritt über eine Abformlehre. Dabei sollte insbesondere die schnelle Umsetzbarkeit eines Konzepts in den physisch vorhandenen Chip beachtet werden.

Es wurde eine Software implementiert, die aus parametrisierten Modellen gängiger Mikrofluidikkomponenten ein 3D-CAD Modell erstellt. Diese, oder beliebige Bilddateien, können von der Software in für den DMD verarbeitbare Daten konvertiert werden, so dass nur kurze Zeit für die Erstellung der „Maske" benötigt wird.

Auf einem COC-Substrat wurde eine Abformlehre aus SU-8 strukturiert, die aus 256 Einzelbildern gestitcht wurde und etwa 3×4 cm² groß ist. Von dieser wurde ein Chip aus PDMS abgeformt und gedeckelt. Der entstandene Mikrofluidikchip hat Kanalquerschnitte von 100 µm und weist runde, stufenlose Bögen sowie scharfe Konturen an Düsenstrukturen auf. Seine Funktion wurde gezeigt.

Um Mikrofluidikchips auf standardisierten, industriell eingesetzten Maschinen betreiben zu können, wurde eine spezielle Gussform entwickelt.

Zusammen mit einer Abformlehre lässt sich darin ein Chip mit Schnittstellen zum Anschluss an einen Pipettierroboter herstellen. Das Konzept lässt sehr viel Gestaltungsfreiraum für auf das individuelle Experiment angepasste Kanalstrukturen. Der Funktionsnachweis von auf diese Weise gefertigten Chips mit Pipettierrobotern wurde ebenfalls erbracht. Weiterführende Aufgaben liegen hier vor allem in der Entwicklung weiterer Anwendungen für das Konzept von Mikrofluidik mit Pipettierrobotern.

Nachdem die indirekte Herstellung gezeigt wurde, sollte die Eignung des Systems zur direktlithographischen Erzeugung von mikrofluidischen Kanalstrukturen untersucht werden. Hierfür wurde auf einem COC-Substrat das Stereolithographie-Epoxidharz Accura 60 belichtet. Aus 56 Einzelbildern wurde eine Mikrofluidikstruktur gestitcht, welche direkt als Kanalstruktur ohne weitere Abformschritte einsetzbar war. Der auf diese Weise hergestellte Chip weist Kanalbreiten von 200 µm auf, Kanalrundungen und Düsenstrukturen sind gut ausgeprägt. Auch für diese Struktur wurde der Funktionsnachweis erbracht.

Durch die hohe Leistung, die in der Arbeitsebene zur Verfügung steht, dauert der Belichtungsvorgang für eine Einzelprojektion nur wenige Sekunden. Zusammen mit der stark vereinfachten Maskenerstellung durch spezielle Software ermöglich dies Concept-to-Chip-Zeiten von wenigen Stunden.

Die Anforderung an die Anlage, die schnelle Herstellung von Mikrofluidikchips zu ermöglichen, wurde also erfüllt.

Mögliche weitere Arbeiten wären die Einführung anderer Materialien für die Direktlithographie. Ließen sich Chips direktlithographisch aus typischen thermoplastischen Polymeren, wie zum Beispiel Polystyrol herstellen, so würde dies die Anwendbarkeit des Systems signifikant erweitern. Hierfür wurden bereits erste Untersuchungen an Präpolymeren von Polystyrol durchgeführt, die fotolithographisch nachverhärtet werden können. Allerdings müssen noch einige Parameter, wie zum Beispiel die erforderliche Menge an Fotoinitiator im Monomer oder Belichtungszeiten, ermittelt werden.

8.3 Ligandenmuster

Ligandenmuster in verschiedenen Formen und Dichten können als Werkzeug zur Untersuchung von Zellverhalten dienen und somit die Entwicklung von Materialien, welche das Zellwachstum aktiv kontrollieren, ermöglichen. Bisher wurden Ligandenmuster meist aufgestempelt oder mittels Tropfenapplikation hergestellt, nur wenige Verfahren erlauben dabei unterschiedliche Ligandendichten im Muster. Ziel war es deshalb, graustufige Ligandenmuster mit einer Auflösung im einstelligen Mikrometerbereich herzustellen. Solche Muster können bereits heute mit anderen Methoden hergestellt werden, allerdings sind dabei oft nur kleine laterale Flächen erreichbar oder die Beschichtung benötigt (wie beispielsweise beim seriellen Schreiben mit der Nadel eines Rasterkraftmikroskops) signifikant mehr Zeit.

Wie sich zeigen ließ, wird mit der entwickelten Lithographieanlage ein Werkzeug zur Verfügung gestellt, mit dem sich innerhalb von Sekunden Ligandenmuster von 5 mm² Größe bei einer Auflösung von 2,5 μm pro Pixel in 256 verschiedenen Graustufen auf einem Substrat erzeugen lassen. Weitere Aufgaben könnten in diesem Zusammenhang die Herstellung großflächiger, gestitchter Ligandenmuster sein. Die für Deckgläser optimierte Schublade der Lithographieanlage bietet Platz für 10 Deckgläser, folglich könnte diese genutzt werden, um mit entsprechender Vorbereitung Ligandenmuster schneller in größerer Stückzahl herzustellen. Dass bei der Lithographieanlage nicht das Substrat, sondern die Projektionsoptik bewegt wird, erlaubt eine weitere Optimierung des Herstellungsprozesses. Interessant wäre die Untersuchung, ob mit einem geeigneten mikrofluidischen System die einzelnen Beprobungs- und Spülvorgänge automatisierbar wären.

8.4 Weitere Projekte

Neben den oben beschrieben Aufgaben wurden weitere Teilprojekte bearbeitet, aus denen relevante Ergebnisse der vorliegen Arbeit stammen.

So wurde aus dem chemisch resistenten Werkstoff PFPE-DEMAU ein Mikrofluidikchip hergestellt. Dieses Material ist Teflon sehr ähnlich und daher chemisch überaus inert. Problematisch dabei war, dass sich Strukturen aus diesem Material nicht dauerhaft deckeln ließen. Mögliche weiterführende Aufgabe wäre das Entwickeln einer Methode, solche fluorierten Werkstoffe zu bonden.

Als eine weitere Nebenaufgabe der Lithographieanlage etablierte sich die Herstellung von Goldelektroden auf COC-Substraten für verschiedene Anwendungen. So konnten Elektroden für die elektrochemische Impedanzspektroskopie gefertigt werden, welche mittlerweile aufgrund wesentlich höherer Qualität die bisher per Tonermaske hergestellten ersetzen.

Eine Möglichkeit für weitere Arbeiten auf dem Gebiet der Elektrodenherstellung wäre die Kombination beider Objektive. Man könnte mit dem fünffach verkleinernden Objektiv möglichst schnell die großflächigen Teile der Elektrodenstrukturen mit mäßig feinen Konturen erstellen und nur die sehr feinen Strukturen durch das zwanzigfach verkleinernde Objektiv belichten.

Für die Anwendung als Abformlehre für PDMS-Stempel zur Ligandenmustererzeugung wurde SU-8 auf Quarzglassubstraten strukturiert. Die über diese Struktur abgeformten Stempel wurden erfolgreich für das Aufstempeln von Ligandenmustern zur Untersuchung retinaler Wachstumskegel verwendet.

Eine weiterführende Aufgabe wäre das Vereinfachen des Abgussvorgangs, indem man die Quarzglassubstrate durch Schalen aus UV-transparentem Kunststoff ersetzte. Diese ließen sich einfacher befüllen, und das ausgehärtete PDMS ließe sich daraus auch einfacher entnehmen.

Mit Hilfe eines oberhalb der Arbeitsebene angebrachten Linearaktors wurde eine Systemmodifikation zum präzisen Verschieben der Grundfläche im Belichtungsvorgang geschaffen. Auf dieser Grundfläche wurde der Fotolack Accura 60 auspolymerisiert. Nach Versatz dieser Schicht wurden darauf wiederum weitere Schichten ausgehärtet, so dass eine dreidimensionale Struktur entstand. Mit diesem Beweis der prinzipiellen Machbarkeit von 3D-Strukturen ergibt sich, wie bereits in Kapitel 8.1 dargestellt die interessanteste weiterführende Aufgabe: die Erweiterung der Lithographieanlage um die Möglichkeit, dreidimensionale Strukturen herzustellen.

Mit der im Rahmen dieser Arbeit entwickelten Lithographieanlage konnten also erfolgreich Strukturen mit einer Auflösung im einstelligen Mikrometerbereich und mehreren cm² Außenabmaß in kurzer Zeit hergestellt werden. Funktionierende Mikrofluidikchips wurden durch Abformung und direktlithographisch innerhalb weniger Stunden hergestellt. Ligandenmuster mit Graustufen wurden ebenfalls hergestellt. Die Vielseitigkeit der Lithographieanlage wurde durch weitere Anwendungen wie zum Beispiel Elektrodenherstellung demonstriert.

A   Veröffentlichungen

2014

Ansgar Waldbaur, Jörg Kittelmann, Carsten P. Radtke, Jürgen Hubbuch, Bastian E. Rapp
Microfluidics on Liquid Handling Stations (μF-on-LHS): A New Industry Compatible Microfluidic Platform
Accepted talk at SPIE Conference, February 1st-6th, 2014, San Francisco, California, USA

2013

Ansgar Waldbaur, Jörg Kittelmann, Carsten P. Radtke, Jürgen Hubbuch, Bastian E. Rapp
Microfluidics on Liquid Handling Stations (μF-on-LHS): An Industry Compatible Chip Interface between Microfluidics and Automated Liquid Handling Stations
Lab on a Chip, 2013, Volume 13, Issue 12, S. 2337-2343, ISSN 1473-0197, DOI: 10.1039/C3LC00042G

Ansgar Waldbaur, Bernardo Carneiro, Paul Hettich, Elisabeth Wilhelm, Bastian E. Rapp
Computer Aided Microfluidics (CAMF) – From Digital 3D-CAD Models to Physical Structures Within a Day
Microfluidics and Nanofluidics, 2013, DOI: 10.1007/s10404-013-1177-x

Leonardo Pires, Kai Sachsenheimer, Tanja Kleintschek, Ansgar Waldbaur, Thomas Schwartz, Bastian E. Rapp
Online Monitoring of Biofilm Growth and Activity Using a Combined Multi-channel Impedimetric and Amperometric Sensor
Biosensors and Bioelectronics, 2013, DOI: 10.1016/j.bios.2013.03.015

Björn Waterkotte, Florence Bally, Pavel M. Nikolov, Ansgar Waldbaur, Bastian E. Rapp, Jörg Lahann, Katja Schmitz, Stefan Giselbrecht
Functional micropatterning of thermoformed 3D substrates: new perspectives for bioactive models
Advanced Functional Materials, 2013, DOI: 10.1002/adfm.201301093

Ansgar Waldbaur, Björn Waterkotte, Juerg Leuthold, Katja Schmitz, Bastian E. Rapp
Rapid biochemical functionalization of technical surfaces by means of a photobleaching-based maskless projection lithography process
SPIE 8615, Microfluidics, BioMEMS, and Medical Microsystems XI, Proceedings DOI: 10.1117/12.2003103

2012

Ansgar Waldbaur, Bernardo Carneiro, Paul Hettich, Bastian E. Rapp
Computer Aided Microfluidics: Rapid Generation of Structures from 3D Digital Data by means of Maskless Projection Lithography
IEEE EMBS Micro and Nanotechnology in Medicine Conference, December 2nd-7th, 2012, Ka'anapali, Hawaii, USA

Ansgar Waldbaur, Bernardo Carneiro, Paul Hettich, Bastian E. Rapp
Computer Aided Microfluidics (CAMF) – High-Resolution Projection Lithography for the Rapid Creation of Large-scale Microfluidic Structures
16th International Conference on Miniaturized Systems for Chemistry and Life Sciences, October 28th - November 1st, 2012, Okinawa, Japan, Proceedings S. 1222-1224, CBMS Catalog Number: 12CBMS-0001, ISBN: 978-0-9798064-5-2

Björn Waterkotte, Ansgar Waldbaur, Jubin Kashef, Bastian E. Rapp, Katja Schmitz
Strukturierungsmethoden – Mit Proteinen Bilder malen
GIT Labor-Fachzeitschrift 7/2012, S. 537-539, Wiley-VCH Verlag GmbH & KGaA, Weinheim

Ansgar Waldbaur, Björn Waterkotte, Katja Schmitz, Bastian E. Rapp
Maskless projection lithography for the fast and flexible generation of grayscale protein patterns
Small, 2012, Volume 8, Issue 10, S. 1570-1578, ISSN 1613-6810, DOI: 10.1002/smll.201102163

2011

Ansgar Waldbaur, Marian Dirschka, Kerstin Länge, Bastian E. Rapp
Rapid Prototyping of Microfluidic Structures from UV Curable PTFE-like Polymers: Creating Structures in Maskless Direct Lithography and Casting
15th International Conference on Miniaturized Systems for Chemistry and Life Sciences, October 2nd-6th, 2011, Seattle, Washington, USA, Proceedings S. 1116-1118, CBMS Catalog Number: 11CBMS-0001, ISBN: 978-0-9798064-4-5

Ansgar Waldbaur, Holger Rapp, Kerstin Länge, Bastian E. Rapp
Let there be chip – towards rapid prototyping of microfluidic devices: one-step manufacturing processes
Analytical Methods, 2011, Volume 3, Issue 12, S. 2681-2716, ISSN 1759-9660, DOI: 10.1039/c1ay05253e

2010

Ansgar Waldbaur, Bastian E. Rapp
Design of a fully automated assembly unit for integration of surface acoustic wave sensors into polymer housings for biomedical applications
Design Test Integration and Packaging of MEMS/MOEMS (DTIP), May 5th-7th 2010, Seville, Spain, Proceedings S. 366-367

B Betreute studentische Arbeiten

César Hernández
Completion and startup of a fully automated assembly platform for biosensors
Master Thesis an der Hochschule Karlsruhe – Technik und Wirtschaft, Studiengang Mechatronik, Oktober 2010

Jonas Jochum
Herstellungsstrategien in der Mikrofluidik
Diplomarbeit am Karlsruher Institut für Technologie,
Studiengang Maschinenbau, Mai 2011

Jens Rotsche
Superhydrophobe hochfluorierte Teflonschäume
Studienarbeit am Karlsruher Institut für Technologie,
Studiengang Maschinenbau, Juli 2011

Paul Hettich
Rapid Prototyping für die Mikrofluidik
Bachelorarbeit an der Hochschule Karlsruhe – Technik und Wirtschaft, Studiengang Mechatronik, März 2012

Heiner Peters
Optimierung eines Lithographiesystems hinsichtlich der Lichtausbeute und Umgebungseinflüsse
Diplomarbeit am Karlsruher Institut für Technologie,
Studiengang Maschinenbau, Mai 2012

Carsten P. Radtke

Entwicklung eines Mikrofluidiksystems zum automatisierten Betrieb auf Hochdurchsatz-Screening Plattformen

Diplomarbeit am Karlsruher Institut für Technologie,

Studiengang Bioingenieurswesen, Mai 2012

Mandy Weisenburger

Lithographische Herstellung von Proteinmustern

Praxissemesterarbeit an der Hochschule Furtwangen,

Studiengang Medical Engineering, Juli 2012

Linda Weishäupl

Photolithographische Herstellung und Charakterisierung von Proteinmustern für Biomedizin und Life-Science-Anwendungen

Bachelorarbeit an der Hochschule Reutlingen,

Studiengang Angewandte Chemie – Bioanalytik, Juli 2012

C Literaturverzeichnis

3D-Systems (2006). "Accura® 60 Kunststoff". D. Systems. Darmstadt.

Álvarez, M., A. Best, S. Pradhan-Kadam, K. Koynov, U. Jonas and M. Kreiter (2008). "Single-Photon and Two-Photon Induced Photocleavage for Monolayers of an Alkyltriethoxysilane with a Photoprotected Carboxylic Ester." Advanced Materials **20**(23): 4563-4567.

Attia, U., S. Marson and J. Alcock (2009). "Micro-injection moulding of polymer microfluidic devices." Microfluidics and Nanofluidics **7**(1): 1-28.

Bao, X. Q., T. Dargent and E. Cattan (2010). "Micromachining SU-8 pivot structures using AZ photoresist as direct sacrificial layers for a large wing displacement." Journal of Micromechanics and Microengineering **20**(2).

Becker, H. and U. Heim (2000). "Hot embossing as a method for the fabrication of polymer high aspect ratio structures." Sensors and Actuators A: Physical **83**(1–3): 130-135.

Becker, H. and L. E. Locascio (2002). "Polymer microfluidic devices." Talanta **56**(2): 267-287.

Becker, H. (2009). "It's the economy." Lab on a Chip **9**(19): 2759-2762.

Becker, H. (2010). "One size fits all?" Lab on a Chip **10**(15): 1894-1897.

Begolo, S., G. Colas, J.-L. Viovy and L. Malaquin (2011). "New family of fluorinated polymer chips for droplet and organic solvent microfluidics." Lab on a Chip **11**(3): 508-512.

Bélisle, J. M., J. P. Correia, P. W. Wiseman, T. E. Kennedy and S. Costantino (2008). "Patterning protein concentration using laser-assisted adsorption by photobleaching, LAPAP." Lab on a Chip **8**(12): 2164-2167.

Bélisle, J. M., D. Kunik and S. Costantino (2009). "Rapid multicomponent optical protein patterning." Lab on a Chip **9**(24): 3580-3585.

Berthier, E., E. W. K. Young and D. Beebe (2012). "Engineers are from PDMS-land, Biologists are from Polystyrenia." Lab on a Chip **12**(7): 1224-1237.

Bhattacharya, S., A. Datta, J. M. Berg and S. Gangopadhyay (2005). "Studies on surface wettability of poly(dimethyl) siloxane (PDMS) and glass under oxygen-plasma treatment and correlation with bond strength." Journal of Microelectromechanical Systems 14(3): 590-597.

Bilenberg, B., T. Nielsen, B. Clausen and A. Kristensen (2004). "PMMA to SU-8 bonding for polymer based lab-on-a-chip systems with integrated optics." Journal of Micromechanics and Microengineering 14(6): 814-818.

Blawas, A. S., T. F. Oliver, M. C. Pirrung and W. M. Reichert (1998). "Step-and-Repeat Photopatterning of Protein Features Using Caged-Biotin−BSA: Characterization and Resolution." Langmuir 14(15): 4243-4250.

Bruckbauer, A., D. Zhou, L. Ying, Y. E. Korchev, C. Abell and D. Klenerman (2003). "Multicomponent Submicron Features of Biomolecules Created by Voltage Controlled Deposition from a Nanopipet." Journal of the American Chemical Society 125(32): 9834-9839.

Carlier, J., S. Arscott, V. Thomy, J. C. Fourrier, F. Caron, J. C. Camart, C. Druon and P. Tabourier (2004). "Integrated microfluidics based on multi-layered SU-8 for mass spectrometry analysis." Journal of Micromechanics and Microengineering 14(4): 619-624.

Clemence, J. F., J. P. Ranieri, P. Aebischer and H. Sigrist (1995). "Photoimmobilization of a bioactive laminin fragment and pattern-guided selective neuronal cell attachment." Bioconjug Chem 6(4): 411-417.

Coenjarts, C. A. and C. K. Ober (2004). "Two-photon three-dimensional microfabrication of poly(dimethylsiloxane) elastomers." Chemistry of Materials 16(26): 5556-5558.

Coyer, S. R., A. J. García and E. Delamarche (2007). "Facile Preparation of Complex Protein Architectures with Sub-100-nm Resolution on Surfaces." Angewandte Chemie International Edition 46(36): 6837-6840.

Dektar, J. L. and N. P. Hacker (1990). "Photochemistry of Triarylsulfonium Salts." Journal of the American Chemical Society 112(16): 6004-6015.

Delamarche, E., A. Bernard, H. Schmid, B. Michel and H. Biebuyck (1997). "Patterned Delivery of Immunoglobulins to Surfaces Using Microfluidic Networks." Science **276**(5313): 779-781.

Dubey, M., K. Emoto, F. Cheng, L. J. Gamble, H. Takahashi, D. W. Grainger and D. G. Castner (2009). "Surface analysis of photolithographic patterns using ToF-SIMS and PCA." Surface and Interface Analysis **41**(8): 645-652.

Duffy, D. C., J. C. McDonald, O. J. A. Schueller and G. M. Whitesides (1998). "Rapid prototyping of microfluidic systems in poly(dimethylsiloxane)." Analytical Chemistry **70**(23): 4974-4984.

Eddings, M. A., M. A. Johnson and B. K. Gale (2008). "Determining the optimal PDMS-PDMS bonding technique for microfluidic devices." Journal of Micromechanics and Microengineering **18**(6).

El-Ali, J., P. K. Sorger and K. F. Jensen (2006). "Cells on chips." Nature **442**(7101): 403-411.

Esashi, M., S. Shoji and A. Nakano (1989). "Normally Closed Microvalve and Micropump Fabricated on a Silicon-Wafer." Sensors and Actuators **20**(1-2): 163-169.

Gerlach, A., H. Lambach and D. Seidel (1999). "Propagation of adhesives in joints during capillary adhesive bonding of microcomponents." Microsystem Technologies-Micro-and Nanosystems-Information Storage and Processing Systems **6**(1): 19-22.

Goeppert-Mayer, M. (1931). Annalen der Physik **9**: 273.

Gordon, C. G. (1999). "Generic vibration criteria for vibration-sensitive equipment". Proceedings of SPIE, San Jose, CA.

Hajkowicz, S., H. Cook and A. Littleboy (2012). "Our Future World: Global megatrends that will change the way we live. The 2012 Revision", CSIRO, Australia.

Hannig, C., M. Dirschka, K. Länge, S. Neumaier and B. E. Rapp (2010). "Synthesis and application of photocurable üerfluoropolyethers as new material for microfluidics". Eurosensors 2010, Linz, Austria.

Harrison, D. J., K. Fluri, K. Seiler, Z. H. Fan, C. S. Effenhauser and A. Manz (1993). "Micromachining a Miniaturozed Capillary Electrophoresis-based Chemical-Analysis System on a Chip." Science **261**(5123): 895-897.

Haubert, K., T. Drier and D. Beebe (2006). "PDMS bonding by means of a portable, low-cost corona system." Lab on a Chip 6(12): 1548-1549.

He, W., C. R. Halberstadt and K. E. Gonsalves (2004). "Lithography application of a novel photoresist for patterning of cells." Biomaterials 25(11): 2055-2063.

Heckele, M. and W. K. Schomburg (2004). "Review on micro molding of thermoplastic polymers." Journal of Micromechanics and Microengineering 14(3): R1-R14.

Heckele, M., A. E. Guber and R. Truckenmueller (2006). "Replication and bonding techniques for integrated microfluidic systems." Microsystem Technologies-Micro-and Nanosystems-Information Storage and Processing Systems 12(10-11): 1031-1035.

Holden, M. A. and P. S. Cremer (2003). "Light activated patterning of dye-labeled molecules on surfaces." Journal of the American Chemical Society 125(27): 8074-8075.

Holden, M. A., S. Y. Jung and P. S. Cremer (2004). "Patterning enzymes inside microfluidic channels via photoattachment chemistry." Analytical Chemistry 76(7): 1838-1843.

Hong, C. C., J. W. Choi and C. H. Ahn (2004). "A novel in-plane passive microfluidic mixer with modified Tesla structures." Lab on a Chip 4(2): 109-113.

Hong, T. F., W. J. Ju, M. C. Wu, C. H. Tai, C. H. Tsai and L. M. Fu (2010). "Rapid prototyping of PMMA microfluidic chips utilizing a CO2 laser." Microfluidics and Nanofluidics 9(6): 1125-1133.

Hornbeck, L., W. E. Nelson and J. Carlo (1986). "Deformable mirror electrostatic printer ".

Hornbeck, L. and W. E. Nelson (1991). "Spatial light modulator and method".

Hornbeck, L. and W. E. Nelson (1992). "Spatial light modulator and method".

Horx, M. (2011). Das Megatrend-Prinzip: wie die Welt von morgen entsteht, Deutsche Verlags-Anstalt.

IDC-Tracker. (2012). "Worldwide Hardcopy Peripherals Market." Retrieved 2013-03-21, 2013, from http://www.idc.com/getdoc.jsp?containerId=prUS23322412#.UUt8Lle4VI0.

Ivanisevic, A., M. A. Kramer and H. Jaganathan (2010). "Serial and Parallel Dip-Pen Nano lithography Using a Colloidal Probe Tip." Journal of the American Chemical Society 132(13): 4532-+.

Jeffrey, G. (1989). "Photoresist composition and printed circuit boards and packages made therewith".

Juncker, D., H. Schmid, U. Drechsler, H. Wolf, M. Wolf, B. Michel, N. de Rooij and E. Delamarche (2002). "Autonomous microfluidic capillary system." Analytical Chemistry 74(24): 6139-6144.

Kaiser, W. and C. G. B. Garrett (1961). Physical Review Letters 7: 229.

Kakinuma, Y., N. Yasuda and T. Aoyama (2008). "Micromachining of Soft Polymer Material applying Cryogenic Cooling." Journal of Advanced Mechanical Design Systems and Manufacturing 2(4): 560-569.

Kane, R. S., S. Takayama, E. Ostuni, D. E. Ingber and G. M. Whitesides (1999). "Patterning proteins and cells using soft lithography." Biomaterials 20(23-24): 2363-2376.

Ke, K., E. F. Hasselbrink and A. J. Hunt (2005). "Rapidly Prototyped Three-Dimensional Nanofluidic Channel Networks in Glass Substrates." Analytical Chemistry 77(16): 5083-5088.

Keenan, T. M. and A. Folch (2008). "Biomolecular gradients in cell culture systems." Lab on a Chip 8(1): 34-57.

Kelly, R. T., T. Pan and A. T. Woolley (2005). "Phase-Changing Sacrificial Materials for Solvent Bonding of High-Performance Polymeric Capillary Electrophoresis Microchips." Analytical Chemistry 77(11): 3536-3541.

Kim, D. S., S. H. Lee, C. H. Ahn, J. Y. Lee and T. H. Kwon (2006). "Disposable integrated microfluidic biochip for blood typing by plastic microinjection moulding." Lab on a Chip 6(6): 794-802.

Kim, K., S. Park, J. B. Lee, H. Manohara, Y. Desta, M. Murphy and C. H. Ahn (2002). "Rapid replication of polymeric and metallic high aspect ratio microstructures using PDMS and LIGA technology." Microsystem Technologies 9(1-2): 5-10.

Kolew, A. (2011). Heißprägen von Verbundfolien für mikrofluidische Anwendungen, KIT Scientific Publ.

Kühn, K.-D., H.-W. Hoffmeister and G. Rohde (2006). Fertigungstechnik. Heidelberg, Springer Verlag.

Kumi, G., C. O. Yanez, K. D. Belfield and J. T. Fourkas (2010). "High-speed multiphoton absorption polymerization: fabrication of microfluidic channels with arbitrary cross-sections and high aspect ratios." Lab on a Chip **10**(8): 1057-1060.

Lang, S., A. C. Von Philipsborn, A. Bernard, F. Bonhoeffer and M. Bastmeyer (2007). "Growth cone response to ephrin gradients produced by microfluidic networks." Analytical and Bioanalytical Chemistry **390**(3): 809-816.

Lauga, E. M. P. B., H. A. Stone (2007). Handbook of Experimental Fluid Dynamics, Springer.

Lee, K., C. Kim, B. Ahn, R. Panchapakesan, A. R. Full, L. Nordee, J. Y. Kang and K. W. Oh (2009). "Generalized serial dilution module for monotonic and arbitrary microfluidic gradient generators." Lab on a Chip **9**(5): 709-717.

Lee, K. Y., N. LaBianca, S. A. Rishton, S. Zolgharnain, J. D. Gelorme, J. Shaw and T. H. P. Chang (1995). "Micromachining applications of a high resolution ultrathick photoresist." Journal of Vacuum Science & Technology B **13**(6): 3012-3016.

Leggett, G. J., S. A. A. Ahmad, L. S. Wong, E. ul-Haq, J. K. Hobbs and J. Micklefield (2011). "Protein Micro- and Nanopatterning Using Aminosilanes with Protein-Resistant Photolabile Protecting Groups." Journal of the American Chemical Society **133**(8): 2749-2759.

Lim, J.-H., D. S. Ginger, K.-B. Lee, J. Heo, J.-M. Nam and C. A. Mirkin (2003). "Direct-Write Dip-Pen Nanolithography of Proteins on Modified Silicon Oxide Surfaces." Angewandte Chemie **115**(20): 2411-2414.

Liu, G. Y. and N. A. Amro (2002). "Positioning protein molecules on surfaces: A nanoengineering approach to supramolecular chemistry." Proceedings of the National Academy of Sciences of the United States of America **99**: 5165-5170.

Lorenz, H., M. Despont, N. Fahrni, N. LaBianca, P. Renaud and P. Vettiger (1997). "SU-8: a low-cost negative resist for MEMS." Journal of Micromechanics and Microengineering **7**(3): 121-124.

Löwe, H. and W. Ehrfeld (1999). "State-of-the-art in microreaction technology: concepts, manufacturing and applications." Electrochimica Acta **44**(21-22): 3679-3689.

Lumatec (2009). "Spektralverteilung Superlite 400 mit verschiedenen Filtern". LumatecGmbH. Deisenhofen, Germany.

Luo, Y., Z. B. Zhang, X. D. Wang and Y. S. Zheng (2010). "Ultrasonic bonding for thermoplastic microfluidic devices without energy director." Microelectronic Engineering **87**(11): 2429-2436.

Mair, D. A., E. Geiger, A. P. Pisano, J. M. J. Frechet and F. Svec (2006). "Injection molded microfluidic chips featuring integrated interconnects." Lab on a Chip **6**(10): 1346-1354.

Malinauskas, M., V. Purlys, A. Zukauskas, G. Bickauskaite, T. Gertus, P. Danilevicius, D. Paipulas, M. Rutkauskas, H. Gilbergs, D. Baltriukiene, L. Bukelskis, R. Sirmenis, V. Bukelskiene, R. Gadonas, V. Sirvydis and A. Piskarskas (2010). Laser Two-Photon Polymerization Micro- and Nanostructuring Over a Large Area on Various Substrates. Biophotonics: Photonic Solutions for Better Health Care Ii. J. Popp, V. V. Tuchin and D. L. Matthews. Bellingham, SPIE-Int Soc Optical Engineering. **7715**.

Manz, A., N. Graber and H. M. Widmer (1990). "Miniaturized total chemical analysis systems: A novel concept for chemical sensing." Sensors and Actuators B: Chemical **1**(1–6): 244-248.

Masuzawa, T., C. L. Kuo and M. Fujino (1994). "A Combined Electrical Machining Process for Micronozzle Fabrication." CIRP Annals - Manufacturing Technology **43**(1): 189-192.

Mecomber, J. S., D. Hurd and P. A. Limbach (2005). "Enhanced machining of micron-scale features in microchip molding masters by CNC milling." International Journal of Machine Tools & Manufacture **45**(12-13): 1542-1550.

Melin, J. and S. R. Quake (2007). Microfluidic large-scale integration: The evolution of design rules for biological automation. Annual Review of Biophysics and Biomolecular Structure. **36**: 213-231.

MicroChem (2007). "SU-8 Table of Photoresists: Adhesion-Shear Analysis."

Morales, A. M., B. A. Simmons, T. I. Wallow, K. J. Campbell, S. S. Mani, B. Mittal, R. W. Crocker, E. B. Cummings, R. V. Davalos, L. A. Domeier, M. C. Hunter, K. L. Krafcik, G. J. McGraw, B. P. Mosier and S. M. Sickafoose (2006). "Injection molded microfluidic devices for biological sample separation and detection." 610901-610901.

Nakanishi, J., H. Nakayama, T. Shimizu, Y. Yoshino, H. Iwai, S. Kaneko, Y. Horiike and K. Yamaguchi (2010). "Silane coupling agent bearing a photoremovable succinimidyl carbonate for patterning amines on glass and silicon surfaces with controlled surface densities." Colloids and Surfaces B-Biointerfaces **76**(1): 88-97.

Nakayama, H., J. Nakanishi, T. Shimizu, Y. Yoshino, H. Iwai, S. Kaneko, Y. Horiike and K. Yamaguchi (2010). "Silane coupling agent bearing a photoremovable succinimidyl carbonate for patterning amines on glass and silicon surfaces with controlled surface densities." Colloids Surf B Biointerfaces **76**(1): 88-97.

Narayan, R. J., A. Doraiswamy, D. B. Chrisey and B. N. Chichkov (2010). "Medical prototyping using two photon polymerization." Materials Today **13**(12): 42-48.

Neumann, C. (2013a). "Entwicklung einer Plattform zur individuellen Ansteuerung von Mikroventilen und Aktoren auf der Grundlage eines Phasenüberganges zum Einsatz in der Mikrofluidik". Schriften des Instituts für Mikrostrukturtechnik am Karlsruher Institut für Technologie; 15. Karlsruhe, KIT Scientific Publishing: XXVIII, 144 S.

Neumann, C., A. Voigt, L. Pires and B. E. Rapp (2013b). "Design and characterization of a platform for thermal actuation of up to 588 microfluidic valves." Microfluidics and Nanofluidics **14**(1-2): 177-186.

Ng, S. H., R. T. Tjeung, Z. F. Wang, A. C. W. Lu, I. Rodriguez and N. F. de Rooij (2008). "Thermally activated solvent bonding of polymers." Microsystem Technologies-Micro-and Nanosystems-Information Storage and Processing Systems **14**(6): 753-759.

Padeste, C., H. Sorribas and L. Tiefenauer (2002). "Photolithographic generation of protein micropatterns for neuron culture applications." Biomaterials **23**(3): 893-900.

Pemg, B. Y., C. W. Wu, Y. K. Shen and Y. Lin (2010). "Microfluidic chip fabrication using hot embossing and thermal bonding of COP." Polymers for Advanced Technologies **21**(7): 457-466.

Petersen, S. B., A. K. di Gennaro, M. T. Neves-Petersen, E. Skovsen and A. Parracino (2010). "Immobilization of biomolecules onto surfaces according to ultraviolet light diffraction patterns." Applied Optics **49**(28): 5344-5350.

Piner, R. D., J. Zhu, F. Xu, S. Hong and C. A. Mirkin (1999). ""Dip-Pen" Nanolithography." Science **283**(5402): 661-663.

Pires, L., K. Sachsenheimer, T. Kleintschek, A. Waldbaur, T. Schwartz and B. E. Rapp (2013). "Online Monitoring of Biofilm Growth and

Activity Using a Combined Multi-channel Impedimetric and Amperometric Sensor." Biosensors and Bioelectronics.

Pla-Roca, M., J. G. Fernandez, C. A. Mills, E. Martinez and J. Samitier (2007). "Micro/nanopatterning of proteins via contact printing using high aspect ratio PMMA stamps and NanoImprint apparatus." Langmuir **23**(16): 8614-8618.

Popov, K., S. Dimov, D. T. Pham and A. Ivanov (2006). "Micromilling strategies for machining thin features." Proceedings of the Institution of Mechanical Engineers Part C-Journal of Mechanical Engineering Science **220**(11): 1677-1684.

Priola, A., R. Bongiovanni, G. Malucelli, A. Pollicino, C. Tonelli and G. Simeone (1997). "UV-curable systems containing perfluoropolyether structures: Synthesis and characterisation." Macromolecular Chemistry and Physics **198**(6): 1893-1907.

Rapp, B. E., L. Carneiro, K. Laenge and M. Rapp (2009). "An indirect microfluidic flow injection analysis (FIA) system allowing diffusion free pumping of liquids by using tetradecane as intermediary liquid." Lab on a Chip **9**(2): 354-356.

Reiss, M. (1945). "The cos4 law of illumination." Journal of the Optical Society of America **35**(4): 283-288.

Reynolds, O. (1883). "An Experimental Investigation of the Circumstances Which Determine Whether the Motion of Water Shall Be Direct or Sinuous, and of the Law of Resistance in Parallel Channels." Philosophical Transactions of the Royal Society of London **174**: 935-982.

Russek, U. A., A. Palmen, H. Staub, J. Pohler, C. Wenzlau, G. Otto, M. Poggel, A. Koeppe and H. Kind (2003). Laser beam welding of thermoplastics. Photon Processing in Microelectronics and Photonics II. A. Pique, K. Sugioka, P. R. Hermanet al. **4977**: 458-472.

Sato, H., H. Matsumura, S. Keino and S. Shoji (2006). "An all SU-8 microfluidic chip with built-in 3D fine microstructures." Journal of Micromechanics and Microengineering **16**(11): 2318-2322.

Scrimgeour, J., V. K. Kodali, D. T. Kovari and J. E. Curtis (2010). "Photobleaching-activated micropatterning on self-assembled monolayers." Journal of Physics-Condensed Matter **22**(19).

Senefelder, A. (1818). Der Steindruck. München, Thienemann.

Shoji, S., M. Esashi and T. Matsuo (1988). "Prototype Miniature Blood-Gas Analyer Fabricated on a Silicon-Wafer." Sensors and Actuators **14**(2): 101-107.

Shoji, S., S. Nakagawa and M. Esashi (1990). "Micropump and Sample-Iinjector for Iintegrated Chemical Analyzing Systems." Sensors and Actuators a-Physical **21**(1-3): 189-192.

Sia, S. K. and G. M. Whitesides (2003). "Microfluidic devices fabricated in poly(dimethylsiloxane) for biological studies." Electrophoresis **24**(21): 3563-3576.

Smith, L. M. and S. Y. Chen (2009). "Photopatterned Thiol Surfaces for Biomolecule Immobilization." Langmuir **25**(20): 12275-12282.

Smits, J. G. (1990). "Pieoelectric micropump with 3 valves working peristaltically." Sensors and Actuators a-Physical **21**(1-3): 203-206.

Song, Y. T., M. Noguchi, K. Takatsuki, T. Sekiguchi, J. Mizuno, T. Funatsu, S. Shoji and M. Tsunoda (2012). "Integration of Pillar Array Columns into a Gradient Elution System for Pressure-Driven Liquid Chromatography." Analytical Chemistry **84**(11): 4739-4745.

Spritzendorfer, M., R. Steger, G. Waibel, M. Münch, M. Willmann (2003). "Entwicklung neuer Verbindungstechniken für Komponenten miniaturisierter Mikrofluidiksysteme aus Kunststoff".

Steigert, J., S. Haeberle, T. Brenner, C. Mueller, C. P. Steinert, P. Koltay, N. Gottschlich, H. Reinecke, J. Ruehe, R. Zengerle and J. Ducree (2007). "Rapid prototyping of microfluidic chips in COC." Journal of Micromechanics and Microengineering **17**(2): 333-341.

Szekely, L. and R. Freitag (2004). "Fabrication of a versatile microanalytical system without need for clean room conditions." Analytica Chimica Acta **512**(1): 39-47.

Tabeling, P. (2006). Introduction to microfluidics. Oxford [u.a.], Oxford University Press.

Talaei, S., O. Frey, P. D. van der Wal, N. F. de Rooij and M. Koudelka-Hep (2009). Hybrid microfluidic cartridge formed by irreversible bonding of SU-8 and PDMS for multi-layer flow applications. Proceedings of the Eurosensors XXIII Conference. J. Brugger and D. Briand. Amsterdam, Elsevier Science Bv. **1**: 381-384.

Terry, S. C., J. H. Jerman and J. B. Angell (1979). "Gas-chromatographic air analyzer fabricated on a silicon-wafer " Ieee Transactions on Electron Devices **26**(12): 1880-1886.

Toh, C. R., T. A. Fraterman, D. A. Walker and R. C. Bailey (2009). "Direct Biophotolithographic Method for Generating Substrates with Multiple Overlapping Biomolecular Patterns and Gradients." Langmuir **25**(16): 8894-8898.

Tsao, C. W., L. Hromada, J. Liu, P. Kumar and D. L. DeVoe (2007). "Low temperature bonding of PMMA and COC microfluidic substrates using UV/ozone surface treatment." Lab on a Chip **7**(4): 499-505.

Uhlmann, E., S. Piltz and U. Doll (2005). "Machining of micro/miniature dies and moulds by electrical discharge machining--Recent development." Journal of Materials Processing Technology **167**(2-3): 488-493.

Unger, M. A., H. P. Chou, T. Thorsen, A. Scherer and S. R. Quake (2000). "Monolithic microfabricated valves and pumps by multilayer soft lithography." Science **288**(5463): 113-116.

Verpoorte, E. and N. F. De Rooij (2003). "Microfluidics meets MEMS." Proceedings of the Ieee **91**(6): 930-953.

Von Philipsborn, A. C., S. Lang, A. Bernard, J. Loeschinger, C. David, D. Lehnert, M. Bastmeyer and F. Bonhoeffer (2006). "Microcontact printing of axon guidance molecules for generation of graded patterns." Nature protocols **1**(3): 1322-1328.

Wacker-Chemie (2012). "Elastosil(R) M 4600 A/B". W. C. AG. München, DRAWIN Vertriebs-GmbH, Riemerling/Ottobrunn.

Waldbaur, A., M. Dirschka, K. Länge and B. E. Rapp (2011a). "Rapid prototyping of microfluidic structures from UV curable PTFE-like polymers: Creating structures in maskless direct lithographie and casting". Proc. The 15th International Conference on Miniaturized Systems for Chemistry and Life Sciences (µTAS) 2011 Conference.

Waldbaur, A., H. Rapp, K. Laenge and B. E. Rapp (2011b). "Let there be chip-towards rapid prototyping of microfluidic devices: one-step manufacturing processes." Analytical Methods **3**(12): 2681-2716.

Waldbaur, A., B. Carneiro, P. Hettich and B. E. Rapp (2012a). "Computer Aided Microfluidics (CAMF) – High-Resolution Projection Lithography for the Rapid Creation of Large-scale Microfluidic Structures". Proc. The 16th International Conference on

Miniaturized Systems for Chemistry and Life Sciences (μTAS) 2012 Conference.

Waldbaur, A., B. Waterkotte, K. Schmitz and B. E. Rapp (2012b). "Maskless Projection Lithography for the Fast and Flexible Generation of Grayscale Protein Patterns." Small **8**(10): 1570-1578.

Waldbaur, A., B. Carneiro, P. Hettich, E. Wilhelm and B. E. Rapp (2013a). "Computer-aided microfluidics (CAMF): from digital 3D-CAD models to physical structures within a day." Microfluidics and Nanofluidics DOI: 10.1007/s10404-013-1177-x

Waldbaur, A., J. Kittelmann, C. P. Radtke, J. Hubbuch and B. E. Rapp (2013b). "Microfluidics on Liquid Handling Stations (μF-on-LHS): An Industry Compatible Chip Interface between Microfluidics and Automated Liquid Handling Stations." Lab on a Chip **13**(12): 2337-2343

Waldbaur, A., B. Waterkotte, J. Leuthold, K. Schmitz and B. E. Rapp (2013c). "Rapid biochemical functionalization of technical surfaces by means of a photobleaching-based maskless projection lithography process". SPIE MOEMS-MEMS, International Society for Optics and Photonics.

Whitesides, G. M., M. Mayer, J. Yang, I. Gitlin and D. H. Gracias (2004). "Micropatterned agarose gels for stamping arrays of proteins and gradients of proteins." Proteomics **4**(8): 2366-2376.

Whitesides, G. M. (2006). "The origins and the future of microfluidics." Nature **442**(7101): 368-373.

Wicht, H. and J. Bouchaud (2005). "NEXUS market analysis for MEMS and microsystems III 2005-2009." MST-news, Verlag VDI/VDE Innovation+Technik GmbH **5**: 33-34.

Wilhelm, E., C. Neumann, K. Sachsenheimer, T. Schmitt, K. Lange and B. E. Rapp (2013). "Rapid bonding of polydimethylsiloxane to stereolithographically manufactured epoxy components using a photogenerated intermediary layer." Lab on a Chip **13**(13): 2268-2271

Wistuba, E. (1980). "Kleben und Klebstoffe." Chemie in unserer Zeit **14**(4): 124-133.

Yu, H., O. Balogun, B. Li, T. W. Murray and X. Zhang (2005). Rapid manufacturing of embedded microchannels from a single layered SU-8, and determining the dependence of SU-8 Young's modulus on exposure dose with a laser acoustic technique. MEMS 2005 Miami: Technical Digest: 654-657.

Schriften des Instituts für Mikrostrukturtechnik
am Karlsruher Institut für Technologie (KIT)

ISSN 1869-5183

Herausgeber: Institut für Mikrostrukturtechnik

Die Bände sind unter www.ksp.kit.edu als PDF frei verfügbar
oder als Druckausgabe zu bestellen.

Band 1 Georg Obermaier
Research-to-Business Beziehungen: Technologietransfer durch
Kommunikation von Werten (Barrieren, Erfolgsfaktoren und
Strategien). 2009
ISBN 978-3-86644-448-5

Band 2 Thomas Grund
Entwicklung von Kunststoff-Mikroventilen im Batch-Verfahren. 2010
ISBN 978-3-86644-496-6

Band 3 Sven Schüle
Modular adaptive mikrooptische Systeme in Kombination
mit Mikroaktoren. 2010
ISBN 978-3-86644-529-1

Band 4 Markus Simon
Röntgenlinsen mit großer Apertur. 2010
ISBN 978-3-86644-530-7

Band 5 K. Phillip Schierjott
Miniaturisierte Kapillarelektrophorese zur kontinuierlichen Über-
wachung von Kationen und Anionen in Prozessströmen. 2010
ISBN 978-3-86644-523-9

Band 6 Stephanie Kißling
Chemische und elektrochemische Methoden zur Oberflächenbe-
arbeitung von galvanogeformten Nickel-Mikrostrukturen. 2010
ISBN 978-3-86644-548-2

Schriften des Instituts für Mikrostrukturtechnik
am Karlsruher Institut für Technologie (KIT)

ISSN 1869-5183

Schriften des Instituts für Mikrostrukturtechnik
am Karlsruher Institut für Technologie (KIT)

ISSN 1869-5183

Band 14 Marko Brammer
Modulare Optoelektronische Mikrofluidische Backplane. 2012
ISBN 978-3-86644-920-6

Band 15 Christiane Neumann
Entwicklung einer Plattform zur individuellen Ansteuerung von
Mikroventilen und Aktoren auf der Grundlage eines Phasenüber-
ganges zum Einsatz in der Mikrofluidik. 2013
ISBN 978-3-86644-975-6

Band 16 Julian Hartbaum
Magnetisches Nanoaktorsystem. 2013
ISBN 978-3-86644-981-7

Band 17 Johannes Kenntner
Herstellung von Gitterstrukturen mit Aspektverhältnis 100 für die
Phasenkontrastbildgebung in einem Talbot-Interferometer. 2013
ISBN 978-3-7315-0016-2

Band 18 Kristina Kreppenhofer
Modular Biomicrofluidics - Mikrofluidikchips im Baukastensystem
für Anwendungen aus der Zellbiologie. 2013
ISBN 978-3-7315-0036-0

Band 19 Ansgar Waldbaur
Entwicklung eines maskenlosen Fotolithographiesystems zum
Einsatz im Rapid Prototyping in der Mikrofluidik und zur gezielten
Oberflächenfunktionalisierung. 2013
ISBN 978-3-7315-0119-0